解码未来污水处理厂

李涛 盘德立 苏春阳 编著

中国建筑工业出版社

图书在版编目（CIP）数据

解码未来污水处理厂 / 李涛，盘德立，苏春阳编著 . —北京：中国
建筑工业出版社，2019.5
ISBN 978-7-112-23490-5

Ⅰ.①解…　Ⅱ.①李…　②盘…　③苏…　Ⅲ.①污水处理—研究
Ⅳ.①X703

中国版本图书馆CIP数据核字（2019）第050680号

本书以污水厂的节能、产能、能耗自给为主线，结合污水资源回收的新理念，介
绍了自养脱氮、厌氧消化预处理、厌氧产能、膜曝气等细分领域的诸多新技术的基本
原理，集合了近10年来，污水处理行业最新的技术和案例。全书共三章，分别是技术
概览、创新管理理念与经营模式、全球典型案例。

本书可以作为环境科学与工程专业本科和研究生的教学参考书，也可以作为水务
公司、设计院的参考资料。

责任编辑：于　莉
责任校对：李美娜

解码未来污水处理厂

李涛　盘德立　苏春阳　编著

*

中国建筑工业出版社出版、发行（北京海淀三里河路9号）
各地新华书店、建筑书店经销
北京点击世代文化传媒有限公司制版
北京富诚彩色印刷有限公司印刷

*

开本：787×1092毫米　1/16　印张：10½　字数：172千字
2020年4月第一版　2020年4月第一次印刷
定价：95.00元
ISBN 978-7-112-23490-5
（33786）

序

近几年，总希望能读到一本站在新视角和新高度介绍现代污水处理方面的书。其原因是看到和听到的有关污水处理、管理和其运行的话题行林林总总、莫衷一是，若从浩瀚的资料和漂移的观点中总结出一个代表主流而且可以当作传承知识的文稿，感到何其难也！我和李涛博士多次在一起讨论过污水处理的当下和未来，也经常读他在微信朋友圈推送和专门发给我的此类文章，在这过程中（现在仍然如此）他们翻译了大量来自国内外不同文献的好文章，也介绍了国际有特色的污水处理厂及先进工艺，每读总有耳目一新之感。为此，三年前我就建议他作更系统的资料整理和思考，写一本能反映当下污水处理最新进展的书。今天读了李涛博士《解码未来污水处理厂》，确有如愿以偿之乐！

一直以来污水处理理念都在争论中持续提升，污染治理策略也在实践中不断优化。1914 年就诞生的活性污泥法，至今仍是世界污水处理的主流工艺。然而，以往以污染物去除为主导目标的处理方式，正在受到新技术进步和绿色发展的挑战。污水已经不再被当作废物和脏物，污水处理也不再仅仅是为了达标排放，其资源化和能源化属性在被不断认知和强化：污水是宝贵的水资源，是可满足城市 50% 用水需求的第二水资源；污水中含有大量可以转化为能量的有机物，如果这些有机物的三分之一能源化即可实现污水厂的能量自给；污水中含有氮、碳、硫、磷等可回用的物质，特别是磷的回收具有更高的战略资源价值；再生水是可控可取可优化的生态用水，与受纳水体融合可促进水环境的生态修复；……。这些理念和方法在国际上已纷纷落地，不少发达国家已经在污水处理设施上展开了能量转化、资源利用、营养物质回收、新兴污染物削减控制等工程实践。为了推动中国水行业的健康和可持续发展，我们正在推进"面向未来的中国城市污水处理概念厂"事业，力求建设一批以"水质永续，能源自给，资源循环、环境友好"为目标的新一代污水处理厂，带动标准、技术与产业升级，促进中国水处理由跟踪到引领的跨越式发展。从灰色治污转型为绿色治污，从资源能源消耗提升为资源能源获得，已经成为当今全球污水处理行业公认的新浪潮。

《解码未来污水处理厂》一书，正是在当下新思潮涌动之时，作者李涛博士结合多年在国际水协会的工作实践，将国际上最新的创新管理理念、经营模式、技术工艺和经典案例介绍给中国的同行。在调研了大量文献和实地考察众多污水厂的基础上，以节能、产能、能量自给、资源回收为主线，本书详尽展示了厌氧氨氧化、污泥热水解、好氧颗粒污泥等多种技术的最新经验和实践，同时也系统介绍了水处理的能源管理和能耗绩效评估策略，展示了未来污水处理可行的技术路线图。

本书的出版，将为中国同行快速了解全球污水处理行业最新的理念和实践打开了一扇窗口，也为中国建设面向未来的新一代污水处理厂提供了重要的参考。

曲久辉

2019 年 12 月

前言

污水处理厂的首要任务是保障环境质量与人类的健康。用于污水处理的活性污泥法自 1914 年发明至今，已经应用了一百多年。这期间随着排放和处理需求的变化，基于活性污泥法的工艺也演绎出了诸多版本。但总地来说，在这一百多年的历史中，相对其他行业而言，污水处理的工艺技术革新相对缓慢，这和本行业的特点不无关系。

传统的污水处理技术，绝大多数都是基于"能耗换水质"的过程，与当下的可持续发展理念相悖。近些年来，欧美国家开始重新审视污水处理厂可实现的功能及其定位。传统的污水处理厂在保障出水水质、改善环境质量的基础上，经过一系列的技术和管理手段，完全可以成为再生水、能源、资源的回收和供应场所。同时在中国，污水概念厂的提出与实践，是中国同行正在进行的有益尝试。在中国污水处理量登顶全球之冠之际，这些积极的尝试，必将会对中国乃至全球的污水处理事业的发展，产生非常深远的影响。

由于工作性质的缘故，笔者时常有机会向国内外顶尖行业专家讨教，在世界各地参观各种新技术的中试和实际应用现场，并且有幸参与见证了污水处理行业在近些年的快速变革进程。笔者深感有向中国同行介绍国际最新理念、技术和实践的必要性，所以才形成了编写本书的初衷。

本书以污水处理厂的节能、产能、能耗自给为主线，结合污水资源回收的新理念，介绍了自养脱氮、厌氧消化预处理、厌氧产能、膜曝气等细分领域的诸多新技术的基本原理，并将相应技术的最新实际应用成果呈现给读者。随着众多新技术的逐步扩大应用，污水处理行业必将迈入激动人心的新时代。在这个新时代中，污水处理厂不再被仅仅视为"污水处理的场所"，而是可以成为"能源工厂"和"资源工厂"，成为未来"水智慧"城市的关键组成部分。

本书汲取了众多国际顶尖专家发表的文章和会议报告中的相关内容。感谢密歇根大学 Glen Daigger 教授、维也纳技术大学 Helmut Kroiss 教授、挪威科技大学 Hallvard Ødegaard 教授、瑞典王国隆德大学 Gustaf Olsson 教授、荷兰代尔夫特理工大学 Mark van Loosdrecht 教授、美国华盛顿特区水务 Sudhir Murthy 博士、奥地利 ARA 咨询公司 Bernhard Wett 博士、香港科技大学陈光浩教授、澳大利亚昆士兰大学袁志国教授等知名专家在不同场合提供的素材和有益的讨论。笔者在工作中时常受到他们的启发和鼓励，因此力求将这些专家的思想、理念和技术通过本书展示给广大读者。

特别感谢曲久辉院士一直以来的支持和鼓励。曲院士是中国污水概念厂的倡导者，也是将笔者带入这一领域的领路人。

本书的编写得到了王丹的大力支持，她花了大量的时间整理并翻译相关文献，在此特别致谢。

由于著者水平有限，书中难免有遗漏或错误，诚请广大读者对书中的谬误之处批评指正。

李涛

国际水协会

2019 年 10 月

目 录

引言　激动人心的新时代 　　　　　　　　　001

第 1 章

技术概览

008

1.1　改善现有污水处理厂的能耗效率　　008
　　1.1.1　厌氧氨氧化　　　　　　　　　008
　　1.1.2　厌氧消化的预处理工艺　　　　016
　　1.1.3　好氧颗粒污泥工艺　　　　　　020
　　1.1.4　膜传氧生物膜技术　　　　　　023
　　1.1.5　沼气提纯　　　　　　　　　　025

1.2　强化化学能回收　　　　　　　　028
　　1.2.1　CANDO 技术　　　　　　　　028
　　1.2.2　回收制造高级碳氢化合物　　　030
　　1.2.3　从沼气或者沼渣中回收高级碳氢化合物　031
　　1.2.4　强化厌氧消化中的甲烷产量　　032
　　1.2.5　协同消化　　　　　　　　　　033
　　1.2.6　厌氧产氢　　　　　　　　　　034
　　1.2.7　污泥的热解和气化　　　　　　036

1.3　兼顾能量回收的高效污水处理技术　038
　　1.3.1　主流厌氧技术　　　　　　　　038
　　1.3.2　微生物燃料电池　　　　　　　041
　　1.3.3　超临界水氧化法　　　　　　　042
　　1.3.4　基于藻类的处理技术　　　　　044
　　1.3.5　热回收氨电池　　　　　　　　049
　　1.3.6　脂质向生物能源的转化　　　　050

1.4　技术综合评估　　　　　　　　　056
　　1.4.1　技术成熟度　　　　　　　　　056
　　1.4.2　技术成熟度与能耗影响对比　　058
　　1.4.3　经济和能量效益　　　　　　　058

第 2 章

**创新管理理念与
经营模式**

060

2.1　水处理系统中的能源管理　　　　060
2.2　仪器控制与自动化　　　　　　　065
2.3　水务系统的碳平衡经验　　　　　071
2.4　污泥的城际协同管理　　　　　　073
2.5　污水处理新技术的整合与实践　　079

2.6 光伏发电在污水处理厂的应用 084

2.6.1 DC Water 084

2.6.2 华盛顿郊区公共卫生委员会（WSSC） 086

2.6.3 Hill Canyon 污水处理厂（HCTP） 088

2.6.4 摩尔帕克再生水厂 089

2.6.5 West Basin 市政水务区 090

2.7 污水处理厂的能耗绩效评估 091

2.8 未来污水处理厂的技术路线图 095

2.9 灵活性和适应性：未来水资源回收工厂的关键要素 100

第 3 章

全球典型案例
106

3.1 200% 能源自给——奥地利 Strass 污水处理厂 106

3.2 美国 Blue Plains 污水处理厂
——创新技术应用先驱 112

3.3 发展中国家的实践
——约旦 As Samra 污水处理厂 120

3.4 SANI® "杀泥" 工艺：
来自香港的因地制宜的创新技术 122

3.5 磷资源回收——荷兰 Olburgen 污水处理厂 126

3.6 综合资源回收典范——丹麦 Billund 生物精炼厂 129

3.7 世界上最大的污水营养物质回收系统
——芝加哥 Stickney 污水处理厂 132

3.8 厌氧氨氧化能显著创造价值——纽约的案例 136

3.9 嵌入式热水解工艺——英国泰晤士水务中试案例 140

3.10 好氧颗粒污泥工艺的应用案例 146

3.10.1 南非 Gansbaai 污水处理厂 148

3.10.2 荷兰 Epe 污水处理厂 148

3.10.3 葡萄牙 Frielas 污水处理厂 150

3.10.4 荷兰 Garmerwolde 污水处理厂 151

参考文献 155

引言　激动人心的新时代

自 1914 年活性污泥法诞生以来，污水处理行业已经走过 100 多年。尽管有行内外人士呼吁污水处理的成本需要进一步降低，但其实目前成熟的污水处理工艺技术的成本已经相对低廉，以生活水平较高的欧洲国家荷兰为例，当地污水的人均处理成本每年也只有 50 ~ 70 欧元。通过压缩成本来提高污水处理厂的经营效益并不是可持续发展的模式，长远来说，"做减法"的空间已经不多了，甚至违背了污水处理的首要目的——保证出水水质的达标，确保人类公共卫生的安全。

因此，污水处理需要更多"加法式"的可持续发展的探索实践。在过去十年里，中国污水处理行业经历的量和质的巨变有目共睹——中国城镇污水处理厂的总数在 2007—2017 年增加到约 4000 座，同时也有越来越多的污水处理厂执行更加严格的排放标准。传统的污水处理工艺往往都是以能耗换水质，未来难以持续。随着中国污水处理规模的进一步扩大、排放标准的持续提高，中国已经成为全世界最大的污水处理市场。通过新技术和新理念的普及和应用，中国完全有机会从欧美的追随者转变为全球水技术的领导者。

其实，不仅在中国，在过去很长的一段时间里，出水标准的提高和现有污水处理厂的老化带来的升级改造需求是世界各地污水行业创新的主要推动力。但是美国、荷兰、德国、新加坡等污水处理的先锋国家，已经意识到污水背后蕴含的价值，污水重新被视作许多原材料的资源中心，这一理念已经成为新的创新驱动力。各种能量自给和资源回收技术已经在世界各地实现了工程化应用，例如以厌氧消化工艺为核心的能源自给技术、以厌氧氨氧化为基础的各种脱氮新工艺、以磷回收为主的资源回收技术、以膜技术为核心的水回用技术等已经逐渐为人们所熟知。这些案例正在转变着人们对污水的认识。

IWA 的 3R 理念

国际水协会（International Water Association，简称 IWA）是全球顶尖的水行业协会，在 70 年的历史中，一直引领行业的技术发展潮流，努力在全世界推广最佳实践，领导全球水行业可持续发展，帮助解决全球水挑战。IWA 与来自全世界不同国家和地区的会员和水行业专业人士一起，实践了 IWA 提出的可持续水资源管理 3R（Reduce-Reuse-Replenish）模式。Reduce 指的是减少水、能源和其他资源的浪费和过度利用，降低对生态环境的破坏，开发非常规水资源，用可持续的发展方式实现用水和卫生人权，并根据水的不同用途来管理处理后污水的出水水质；Reuse 指的是回用水资源，并且从污水和污泥中回收能源、营养盐、有机物等，实现资源的高效和循环利用；Replenish 是指科学管理流域和水体，恢复其生态功能和环境健康，降低洪涝和污染风险，打造宜居的水环境。

我们在城市污水处理领域也看到了越来越多 3R 模式的实践，这些在世界各地涌现的案例将引领城市污水处理进入可持续发展的新时代。

水资源回收工厂

水资源回收工厂这个概念的提出和普及，其实是人们对污水处理厂的认识的转变过程。

2011 年 12 月，美国能源部向国会提交了一份水资源和能源相互依赖性的专题报告，论述了美国水系统的能源消耗问题，第一次提出了"Energy and Water Nexus"的概念，报告指出"美国的国家持续安全和经济健康依赖于能源与水的可持续供给。这两个关键的自然资源紧密关联，能源的生产需要耗费大量的水，而水的处理和供应同样需要消耗大量能源"。

在 2011 年发表的《可再生能源生产的现状报告（Position Statement on Renewable Energy Generation）》中，美国水环境联合会（Water Environment Federation，简称 WEF）指出："WEF 认为污水处理厂不是处理废物的工厂，而是水资源回收工厂

（Water Resource Recovery Facilities，简称 WRRF），它能生产清洁回用水、回收氮磷等营养物、生产和使用可再生能源，从而减少国家对化石燃料的依赖"。

2013 年，WEF 发表了《能源路线图：通往更加可持续发展的能源管理的自来水厂和污水处理厂指南》，为提高能源使用效率，该路线图列出了六大细分领域的框架。

2013 年，WEF、美国国家清洁水组织协会（NACWA）、美国水环境与回用基金会（WE&RF）联合发布了《未来水资源综合设施的行动蓝图》。这份报告是针对污水处理行业面临的前所未有的挑战和需要作出改变传统思维方式而编写的。这是未来水资源综合设施（Water Resources Utility of the Future，官方缩写为 UOTF）的概念第一次面世。

2014 年，WEF 发表了题为《迈向资源回收工厂》的特刊，对污水处理的资源回收做了一次更加完整的探讨，也将荷兰的 NEWs 理念（Nutrient、Energy 和 Water 作为污水中的可回收资源）引进美国。

2015 年，美国国家科学基金会（NSF）、美国能源部（DOE）和美国环保署（EPA）在一个水资源回收研讨会上联合发布了一份报告。报告特别针对污水管网和处理设施面临老化问题的城市，面向未来的水资源回收工厂新理念，为这些老化的基建打开了一个独一无二的机会大门，并能够给能源系统减压、减少空气和水的污染、营造城市弹性和驱动地方经济发展提供新机遇。三个独立部门为 WRRF 作出共同声明，这也成为美国水处理界的里程碑时刻。

2016 年 4 月，NACWA 连同 WEF、WERF、WateReuse 和 EPA 成立了一个名为 "Utility of the Future Today" 的新项目。鼓励各地水务局在水回用、水流域治理、有益污泥回用、跨区合作、改善能耗、能量回收以及营养物和原材料回收等方面开展相关项目。同年 8 月 NACWA 公布了认可项目的首批 61 个公共和私人水务单位名单，参与国包括了美国、加拿大和丹麦。

在过去几年的时间里，美国有些污水处理厂已经实现了能量自给，甚至有盈余的电能并入电网。他们的努力，让能量自给的污水处理厂已经从概念逐步变成了现实，让更多的行内外人士看到污水处理厂的认识和定位正在不断变化中，"水资源回收工厂"的理念已得到更多人的认可。

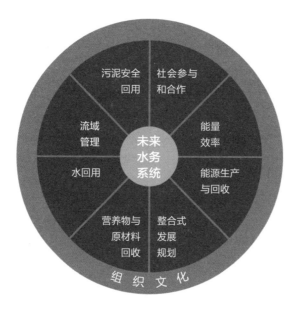

图 1　未来污水处理设施的衡量标准

NEWs – 荷兰污水处理 2030 路线图

2008 年，由新加坡公共事业局（Public Utility Board，简称 PUB）和全球水研究联盟（Global Water Research Coalition，简称 GWRC）发起了对未来城市污水处理思考的倡议，目标是实现碳排放平衡和能耗自给的污水收集、运输和处理系统。作为 GWRC 的重要成员，荷兰于 2010 年由荷兰应用水研究基金会（STOWA）发布了《NEWs：通往 2030 污水处理厂的荷兰路线图》。这份报告总结了荷兰对未来城市污水处理的展望和规划。

在报告中，他们首先通过 48 位专家组成的团队对当下和未来的污水发展及趋势进行了分析，然后总结了当今和潜在的处理技术，继而展示了由专家团队设计的水资源工厂（water factory）、能量工厂（energy factory）和资源工厂（nutrient factory）的理念，最终描述了由适当技术和设计组成的未来路线图。

这是荷兰水部门第一次完整地对 NEWs（Nutrient-Energy-Water-factories）未来污水资源加工厂的概念进行阐述。荷兰人相信污水处理永远都是有必要的，但它

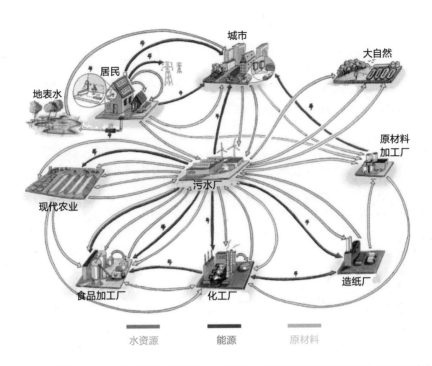

水资源　　　　能源　　　　原材料

图 2　荷兰未来污水处理厂与荷兰城市、工业、农业和自然土地的关联作用示意图

的未来会关注在资源回收上。他们希望通过 NEWs 这个一语双关的口号来给世界带来好消息（good NEWs）：废物是一种资源（waste becomes a resource）。

　　荷兰的 2030 路线图鼓励现有污水处理厂因地制宜，结合自身情况，逐步向 2030 的计划迈进。这也是国际水协会在推广未来污水处理厂时一直强调的，可持续发展的污水处理模式需要跟当地经济、文化和环境相结合，才能制定合适的工艺技术，找到各自的成功之路。

面对新兴污染物的挑战

　　污水处理的标准总是随着社会和经济的发展而不断变化。随着工业化学品、个人护理品、药物以及农药的广泛使用，在城市污水处理厂发现的微量污染物种类与日俱增。这些新兴污染物的浓度很低（介于 ng/L ~ μg/L 的水平），它们的生物累积性和"假"持久性会使其通过生物富集和食物链传递对生态系统和人体产生潜在危害。

欧美许多国家都已经意识到污水中的药物和微量有机污染物问题。瑞士就是其中的先行者，它是全球首个对污水处理微污染物有控制要求的国家：2014 年瑞士政府颁布标准要求污水处理厂首批 12 种微污染物的去除率要达到 80%。该标准已于 2016 年正式实施，其 100 多座污水处理厂都需要具备去除残留药物的能力。在美国，微量污染物的处理也已经明确写进了水资源回收工厂（WRRF）的功能需求中。欧美各国关于活性炭、臭氧和生物膜处理技术去除微量污染物的案例正不断增加，我们可以预计去除新兴污染物会是未来污水处理技术的一个重要分支。

中国的探索

在全球污水处理事业朝着能量自给、资源回收的目标进行深刻变革之际，中国作为全球最大的污水处理市场，也有不少与世界先进理念接轨、寻求国际合作、积极参与到污水处理创新的探索。

中国污水处理厂数量和处理量的增加，不仅意味着处理能耗的增加，也导致了污泥产量的增加。世界资源研究所的资料显示，全国城镇污水处理厂的污泥产量约为 3000 万 t（含水率为 80%），然而许多污水处理厂存在污泥外运偷排等现象。2013年财新网《新世纪》第 28 期的一篇题为《污水白处理了》的报道揭露了中国有超过80% 的污泥没有得到妥善处理的问题。降低污水处理厂的运行成本、提高运行能力、实现污泥无害化和资源化处理，成为中国污水处理厂亟待解决的问题。另外，中国已经成为抗生素使用大国，大量抗生素被排入水体环境，在这种情况下，新兴微量污染物也将成为中国城市污水处理在未来应对的紧迫而严峻的挑战。

2014 年，曲久辉、王凯军、王洪臣、余刚、柯兵、俞汉青等六位国内污水处理领域的专家，成立了"中国城市污水处理概念厂专家委员会"，计划用 5 年左右的时间，应用全球最新理念和技术成果，建设一座（批）面向 2030 年的城市污水处理厂。他们希望将污水处理厂变成资源回收的平台，打造"水质永续、能量自给、物质回收和环境友好"的面向未来的污水处理厂。2014 年 1 月，他们在《中国环境报》发表署名文章，提出了"建设面向未来的中国污水处理概念厂"的命题，正式向社会宣告，希望以此融通各方智慧，引领中国污水处理事业的升级发展。他们认为下一代污水处理厂应该是能量与物质回收的高品质工厂。中国工程院院士曲久辉在 2015 年由国际水协会组织的"中国污水处理概念厂高端论坛"上发言中提到："我们不能盲目地追求物质的回收和循环利用，必须在经济可行的情况下，才能解决可持续的物质回收和能量回收的问题。将来的污水处理厂，应该是一个可靠的供水工厂，是一个自产自用的能源转化工厂。"

除了污水处理概念厂委员会之外，中国还有其他团队正在实践符合中国特色的可持续发展的污水处理创新的探索。例如湖北襄阳市于 2011 年开工建设、2012 年投产的"襄阳市污水处理厂污泥综合处置示范项目"，污泥日处理能力 300t，处理襄阳市区及周边污水处理厂产生的污泥和餐厨垃圾，采用"高温热水解 + 中温厌氧消化"工艺，污泥资源化产品包括车用压缩天然气（CNG）、生物炭土（biochar）、移动森林（将生物炭土用于森林种植）。日处理量为 55 万 t 的天津津南污水处理厂的污泥处理工程是中国近年另一个循环经济示范项目。项目采用先进的厌氧消化加脱水干化工艺，沼气用于脱水后的污泥深度干化、厂区自身用能及压缩天然气的输出，干化污泥用于园林绿化，污泥日处理量高达 800t，再生水日产量 15 万 t，出水全部资源化利用。这些实践案例都是近些年中国水行业进行的一些十分有益的探索。

第 1 章　技术概览

现在市政污水处理所需能耗只是污水自身蕴含能量总量的 25% ~ 50%，然而目前的处理技术和工程实践并没有将这些能源充分回收，同时污水中含有各种丰富资源，这意味着污水中还有巨大的潜能尚待开发。

污水处理行业要实现节能减耗以及资源回收，需要更多新技术的工程化应用。国际水协会（IWA）和美国水环境研究基金会（WERF）以及纽约州能源研发署（NYSERDA）于 2015 年联合发布了一份名叫《面向未来减耗的技术进展评估报告（Assessment of Technology Advancements for Future Energy Reduction）》的报告。这份报告对多个专项技术领域进行了评估，评估内容包括其技术成熟度、对行业的影响以及推广应用的潜力。在本书第 1 章里，结合该报告，对目前世界各地报道过的先进技术分成三大主题进行概述分析。这三大主题包括：改善现有污水处理厂的能耗效率、强化化学能回收、兼顾能量回收的高效污水处理技术。

1.1　改善现有污水处理厂的能耗效率

1.1.1　厌氧氨氧化

污水脱氮包括 3 种常见的方法：传统的硝化（Nitrification）/ 反硝化（Denitrification）、亚硝化（Nitritation）/ 反亚硝化（Denitritation）以及部分亚硝化（Partial Nitritation）/ 厌氧氨氧化（Anammox）。传统的硝化 / 反硝化虽然是一个较为稳定的处理过程，但是成本相对较高，主要体现在碱度的投加量、曝气量以及反硝化中所需要的额外碳源。与传统的脱氮过程相比，亚硝化 / 反亚硝化能够降低 25% 的曝气量，减少近 40% 的额外碳源投加量，最终减少了约 40% 的生物污泥产量。而部分亚硝化 / 厌氧氨氧化的处理能够更有效地降低能源的消耗量，更大程度地减少生物污泥的产量。部分亚硝化 / 厌氧氨氧化的基础原理如图 1-1 所示。

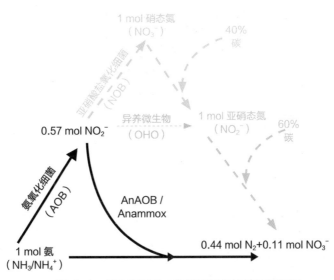

图 1-1　部分亚硝化 / 厌氧氨氧化的基础原理图

　　一般来说，侧流污水（厌氧消化液）环境有助于氨氧化细菌（Ammonia Oxidation Bacteria，简称 AOB）的生长并且能够有效抑制亚硝酸盐氧化细菌（Nitrite Oxidation Bacteria，简称 NOB）的活性，主要体现在侧流污水中高浓度的氨氮为 AOB 提供了富余的底物使其能够处于最高生长速率的状态。同时高浓度的氨氮致使游离氨浓度也相对较高，这对于 NOB 的生长来说无疑是极大的不利条件。因此，部分亚硝化 / 厌氧氨氧化处理技术首先在侧流脱氮领域得到了进一步的发展。

　　目前大规模实地应用的厌氧氨氧化工艺主要分为两种：两段式和一段式。早在 1998 年，代尔夫特理工大学（TU Delft）和帕克公司（Paques）达成许可协议，注册 ANAMMOX® 技术使其成为专利。这项技术通过厌氧氨氧化细菌的颗粒化来优化其在生物反应器中的选择性保留。第一个实地规模应用 ANAMMOX® 技术的反应池于 2002 年在荷兰鹿特丹 Dokhaven 污水处理厂建成并开始运行。它是一个两段式过程，部分亚硝化反应在 Sharon 反应池中完成，其出水进入后续 Anammox 反应池，如图 1-2 所示。通过使用 Sharon/Anammox 方法，与传统的硝化 / 反硝化过程相比，可以减少 60% 的曝气量。该过程结合了独立开发的两种技术，这两种技术都是 20 世纪 90 年代初由代尔夫特理工大学开发的。

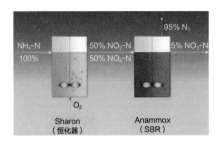

图 1-2　Sharon/Anammox 工艺过程示意图（来源：van Dongen 等，2001）

自 2006 年以来，部分亚硝化和厌氧氨氧化处理都在单个 ANAMMOX® 反应器中进行。这项技术已经得到了成功的测试，并首先在荷兰的 Olburgen 污水处理厂实施应用。截至 2016 年 1 月，全球共有 32 个实地规模的 ANAMMOX® 反应器，其中 28 个为一段式。

目前较为成熟的一段式厌氧氨氧化工艺主要包括：DEMON®（SBR+ 旋液分离颗粒污泥）、Cleargreen™、MBBR（生物膜反应器）等，表 1-1 为一段式厌氧氨氧化常见工艺的简要总结。

一段式厌氧氨氧化常见工艺　　　　　　　　　　　　　　　　表 1-1

反应器类型	工艺	经典案例	投产时间
SBR	DEMON®	奥地利 Strass 污水处理厂	2004 年
	Cleargreen™	西班牙 Burgos 污水处理厂	2015 年
颗粒污泥	AnammoPAQ™	荷兰 Olburgen 污水处理厂	2006 年
MBBR	ANITA™ Mox	瑞典马尔默 Sjölunda 污水处理厂	2010 年
	DeAmmon®	德国 Hattingen 污水处理厂	2000 年

DEMON®（DEamMONification）工艺是最常见的一段式 SBR 分步处理的脱氮技术，超过 80% 的 SBR 体系采用的都是 DEMON® 工艺（图 1-3）。该工艺以 pH 值为基准来调控检测整个反应过程，根据产生的 H^+ 或者 NO_2^- 来调整曝气时间。

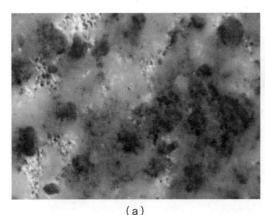 

（a）　　　　　　　　　　　　　　　（b）

图 1-3　DEMON® 厌氧氨氧化细菌和旋流分离器

（a）厌氧氨氧化细菌；（b）旋流分离器

目前已在侧流脱氮中大规模运用 DEMON® 技术的欧洲污水处理厂主要包括：奥地利 Strass 污水处理厂、瑞士 Glarnerland 和 Thun 污水处理厂、德国 Plettenberg 和 Heidelberg 污水处理厂、荷兰 Apeldoorn 污水处理厂等。北美境内主要有弗吉尼亚 Alexandria 污水厂、HRSD 约克河污水处理厂等。除此之外，还有诸如安大略 Guelph、科罗拉多 Greeley 等多家污水处理厂正在施工建设 DEMON® 工艺。

DC Water 的 Blue Plains 污水处理厂是世界上最大的深度处理厂，每天深度处理约 150 万 t 的污水，并已建成世界上最大的侧流式厌氧氨氧化工艺（DEMON®，见图 1-4），设计处理能力为 200 万 gal/d（约 7700m³/d），目标进水氨氮含量为 8000kg/d。该项目于 2017 年初建设完毕，2017 年 9 月已投入使用。厌氧消化液和压滤机的滤后液混合后进入侧流式厌氧氨氧化系统。在 DEMON® 侧流式厌氧氨氧化系统投入运行后，该厂主流程将逐步改造成短程硝化 + 主流厌氧氨氧化脱氮工艺，预计能降低 50% 的曝气量和 75% 的甲醇用量（目前甲醇每日投加量高达 14000gal，约 53t）。届时 DC Water 将成为世界上最大的主流厌氧氨氧化技术应用的先驱。

AnammoPAQ™ 是 OVIVO 公司基于厌氧氨氧化工艺研发的一种升流式颗粒污泥体系，能够有效处理消化液、滤液、垃圾填埋渗滤液等流量小却含氮量高的污水。AnammoPAQ™ 在全球有超过 35 家的污水处理厂实地应用，其中荷兰 Olburgen 污水处理厂的设计氨氮处理量为 1200kg/d，在过去 10 年都达到了稳定连续的氨氮去除

图 1-4 DC Water 的 Blue Plains 污水处理厂 DEMON® 处理设施

率（约 92%）和总氮去除率（约 85%）。

ANITA™ Mox 系统基于 MBBR 技术，主要用于处理厌氧消化液、工业废水、垃圾填埋渗滤液等。该工艺能去除 90% 的氨氮以及 75% ~ 80% 的总氮且不需要添加额外碳源，同时减少了 60% 的曝气需求。瑞典马尔默 Sjölunda 污水处理厂于 2010 年开始运行 ANITA™ Mox 工艺，设计污水处理量为 19 万 t/d，设计氨氮处理量为 200kg/d。目前 ANITA™ Mox 工艺在全球都有广泛应用，如表 1-2 所示。

ANITA™ Mox 全球案例一览 表 1-2

案例	氮处理量（kg/d）	工艺
瑞典马尔默 Sjölunda 污水处理厂	200	MBBR+Hybas™
瑞典韦克舍 Sundets 污水处理厂	430	MBBR+ 协同消化 / 热水解（2014）
丹麦 Holbaek 污水处理厂	120	MBBR
丹麦 Grindsted 污水处理厂	110	MBBR+ 协同消化 /Exelys™（2015）
美国 James River 污水处理厂	250	MBBR
美国 South Durham 污水处理厂	330	MBBR
美国芝加哥 Egan 污水处理厂	940	MBBR
瑞士 Locarno 污水处理厂	300	MBBR
波兰某工业废水厂（食品饮料）	340	MBBR

德国 Hattingen 污水处理厂是世界上第一个利用 DeAmmon® 技术并稳定运行多年的机构，该污水处理厂于 2000 年建设完成，日处理氮量可达 200kg。全球第二家 DeAmmon® MBBR 污水处理厂，也即北欧第一家 DeAmmon® MBBR 污水处理厂是位于瑞典的 Himmerfjarden 污水处理厂，该污水处理厂于 2007 年完工，设计污水处理量可达 12 万 t/d。目前，挪威奥斯陆的 Bekkelaget 污水处理厂也于 2014 年启动 DeAmmon®，目前能够处理含氮量 1000kg/d 的污水。

厌氧氨氧化技术在城市污水处理侧流脱氮领域已经十分成功，而且有更多成熟完善的工艺还在不断涌现。从早期的两段式逐步发展到一段式。这些不同类型的厌氧氨氧化技术原理相同，但在控制参数、运行方式上不尽相同。侧流式厌氧氨氧化工艺的关键是启动时较为困难，要有足够的菌种，正常运行后只要条件适宜就相对好调控。但是厌氧氨氧化工艺在主流脱氮中却面临着更多挑战，主要体现在以下几个方面：

（1）主流污水中的氨氮含量低，通常在 20 ~ 75mg/L 范围内。游离氨的减少降低了对 NOB 活性的抑制，AOB 在出水氨氮浓度低的情况下生长缓慢，无法与 NOB 竞争。

（2）操作温度低，尤其在冬季平均温度为 10 ~ 15℃。AOB 在低温条件下生长缓慢，不及 NOB。

（3）进水碳氮比高。在好氧环境中，异养微生物（Ordinary Heterotrophic Organism，简称 OHO）与 AOB 竞争氧气，在厌氧条件下，OHO 与厌氧氨氧化细菌（Anammox）竞争 NO_2。

随着技术的不断发展和成熟完善，厌氧氨氧化工艺在主流脱氮领域虽然面临不少棘手的问题，但是也取得了一定的进展和成绩。目前奥地利 Strass 污水处理厂和瑞士 Glarnerland 污水处理厂的主流脱氮工艺也已经采用了厌氧氨氧化技术。它们通过两种方式从侧流接种到主流：（1）每一个侧流 DEMON® SBR 反应池循环排出的剩余污泥都接种到主流反应池；（2）周期性从侧流反应池中直接取定量混合液到主流反应池中。Strass 污水处理厂通过间歇性曝气来抑制 NOB 的生长，并且通过在线监测出水氨氮浓度来控制曝气,出水溶解氧在 0 ～ 0.55mg/L。全年总 SRT 在 5 ～ 20d。有氧 SRT 占总 SRT 的一半左右。通过实验室装置测试以及两个污水处理厂的实地验证,我们可以得知:(1)侧流高浓度氨氮可以抑制 NOB 的活性和生长;(2)虽然侧流反应池中大量厌氧氨氧化细菌需要被接种到主流反应池,但这丝毫不影响侧流脱氮效率,侧流脱氮率仍然可以达到 95%。

除此之外,美国弗吉尼亚的 HRSD 污水处理厂正在尝试不通过"侧流接种主流"而直接完成主流厌氧氨氧化脱氮工艺。其核心是改进 A/B 工艺过程,包括:A 段的高速活性污泥法(High Rate Activated Sludge,简称 HRAS)工艺以及 B 段的短程生物脱氮(Shortcut Biological Nitrogen Removal,简称 SCBNR)工艺。中试装置中的 B 段进行的是分步脱氮工艺,先是亚硝化 / 反亚硝化过程去除一部分的氨氮,然后接厌氧氨氧化 MBBR 工艺进行脱氮。如图 1-5 所示。整个 AB 段过程可以达到 85% ～ 90% 的凯氏氮去除率,出水氨氮在 4.2mg/L 左右。AvN 自控技术也是从该中试装置运行过程中诞生的,本书后续章节会介绍 AvN 自控技术。

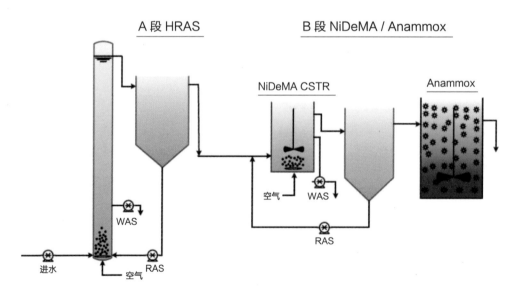

图 1-5　HRSD 两阶段试点研究过程流程图(来源:Regmi 等,2013)

新加坡樟宜污水处理厂实现了世界上第一例无需侧流接种的主流自养脱氮工艺,

日处理量为 212MGD，即 80 万 t/d。该厂采用的是分步进水 BNR 工艺。图 1-6 为该工艺的平面布置图。

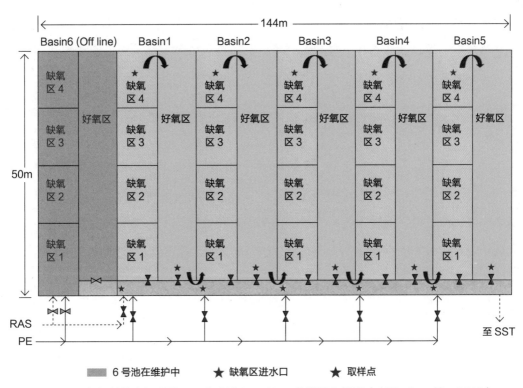

图 1-6　新加坡樟宜污水处理厂分步进水 BNR 工艺平面布置图（来源：Cao 等，2013）

对于每一个生物反应池，初沉池出水都被均匀分到 6 个反应池中，每个反应池都配有缺氧区和好氧区。其中，缺氧区由隔墙分开形成 4 个部分。5 个反应池都是正常操作，只有一个备用。活性污泥均回流至第一个缺氧池，回流率为 50%。在进水碳氮比为 7 的条件下，有氧 SRT 控制在 2.5d，氨氮去除率可达 100%，总氮去除率约为 75%。

附着混合生长体系可以为微生物提供良好的生长环境，而且通过实验也证明了 NOB 在该体系中容易被淘汰，而 AOB 和 AnAOB 却能够茁壮成长。Haydee De Clippeleir 等人于 2013 年进行的研究表明，旋转生物接触器（Rotating Biological Contactor，简称 RBC）工艺可以在水力停留时间较短的条件下保证厌氧氨氧化细菌在水体的滞留时间。Veolia Water 公司推出的主流 IFAS 工艺，已在实地建设完工并成功运行。

据 2016 年 1 月统计，目前世界范围内有 32 座厌氧氨氧化工艺反应池处于运行或者建设当中，其中有 28 座反应池为一段式反应池，总日处理量高达 85t 氨氮。随着工艺成熟度不断提高，今后在全球范围内将会有越来越多的主流厌氧氨氧化脱氮工艺得以实现大规模实地应用。

1.1.2 厌氧消化的预处理工艺

污水处理过程中，大多数有机物被转移到污泥或生物固体的半固体相中。随着污泥产量的不断增加，污泥的处理需求也进一步加大。厌氧消化由于处理成本低、动力消耗小等优点，是目前较为普遍采用的污泥稳定化处理技术。然而，污泥中高分子化合物和复合有机物的存在限制了厌氧消化的水解步骤，需要较大的反应器体积和较长的停留时间才能达到足够的稳定性。为解决这一难题，许多企业开始在预处理环节寻求创新和突破。经过预处理优化后的厌氧消化不仅能够实现污泥减量化，同时还可以改善污泥脱水性能，增加沼气产量。

厌氧消化预处理技术的研究于 20 世纪 70 年代末就开始了。最早的应用是基于热处理，而其他的预处理技术也在不断发展和研究中。迄今为止市场上开发了很多种厌氧消化的优化工艺，较为主导的仍然是污泥生物细胞裂解／热水解技术。根据技术特性，常用于污泥破解的预处理技术可分为物理、化学和生物处理。这些技术的叠加应用也已经被广泛研究。其中物理方法和热处理是研究最多的。电脉冲、微波、照射、研磨、高压均质、离心和超声技术均属于物理处理。化学方法包括水解法、碱处理和臭氧预处理，近年来也出现了酸处理和其他氧化剂如过氧化氢等的化学预处理方法。生物处理包括厌氧预处理、酶处理、有氧消化和自水解。污泥预处理的一个重要趋势是工艺组合评估，在过去的 6 年有显著的增长。最常见的预处理工艺组合是物理／化学和热／化学方法。在众多预处理方法中，热水解已经得到了商业应用的验证，并吸引了广泛的关注，而其他技术还在研发当中。针对污泥破解预处理技术的分类与总结如表 1-3 所示。

污泥破解预处理技术 表 1-3

技术	优于现有系统的技术层面	中试装置或新装置
热水解工艺	减少污泥的黏度，大大提高加载率；生产 A 级的污泥产品；与协同消化兼容；提高污泥脱水效率	DC Water 正在运作；Trinity River 计划安装实施
化学预处理"Lodomat"	在周围环境温度和压力的条件下进行剩余活性污泥的预处理；降低化学药品消耗（亚硝酸盐和酸）；提高沼气产量；改良版本可以帮助脱氮；利用污泥回流抑制 NOB 而 AOB 依旧保持活性	昆士兰大学开发；正在澳大利亚开展中试
热碱预处理"Lystek"	物理（中温 + 高剪切搅拌）与化学（碱）联合作用；协同生物除氮过程；减少消化池体积；增加沼气产量；脱水污泥达到 A 级	加拿大多处实地操作运行
微波预处理	降解一些特殊物质	研究阶段（橡树岭国家实验室）
厌氧 / 好氧联合处理	提高污泥的脱水效率；臭气减少	华盛顿州斯波坎市
电能处理	增进二沉池污泥的消化性能	威斯康星州拉辛市污水处理厂 OpenCel 系统
超声波工艺	没有列出具体的优势	Anergia 已完成超声条件的测试

由于厌氧消化水解过程进行缓慢，水解即是这一过程的限制性步骤。因此，将水解作为预处理从厌氧消化过程中隔离出来，有利于破坏微生物的细胞膜组织，使细胞内物质得以释放从而进一步水解。挪威的 Cambi 公司率先将水解技术与厌氧消化过程相结合，首先在英国市场得以应用和发展。随后，该公司陆续将业务拓展至全球。2014 年，美国 DC Water 的 Blue Plains 污水处理厂开始使用 Cambi 污泥热水解系统，是北美首个应用该工艺的污水处理厂。污泥热水解系统设计处理能力为每日 450t 干污泥，运行温度 165℃、运行压力 98psi（约 676kPa），是目前世界上最大的污泥热水解装置，如图 1-7 所示。

通过热水解与厌氧消化等工艺组合，有效提高了厌氧消化效率和沼气产率，并且降低了污泥产量，有利于后续污泥的稳定化和无害化。Blue Plains 污水处理厂每年可节约近 2000 万美元的污泥处理费用。污水处理厂产生的生物固体污泥可达到美国环保署的 A 级标准，可作化肥进行土地施用。2016 年 5 月 12 日，DC Water 正式推出了 Bloom 品牌的污泥化肥产品（见图 1-8），预计每年可为 DC Water 带来 300 万美元的收入。

图 1-7　DC Water 的 Cambi 污泥热水解系统

图 1-8　Bloom 品牌的污泥化肥产品

　　威立雅公司继 Biothelys® 之后又开发出连续式污泥热水解工艺 Exelys。在 Exelys 系统中，污泥和热蒸汽一起进料，并连续注入反应器。目前丹麦 Billund 生物能源工厂（Biorefinery）已经开始应用 Exelys 系统，与之前相比可以生产出远高于实际需求的能量。但是 Cambi 和威立雅的许多产品普遍适用于一些规模较大的污水处理厂，对处理温度和压力要求严格，从而增加了使用成本。考虑到市场普及性和经济适用性的问题，现已有许多技术公司专门针对小规模污水处理厂设计并推出热水解预处理工艺。例如荷兰的 LysoTherm 工艺，主要是通过热交换系统进行热蒸汽的供应，广泛应用于食品和饮料行业。

　　在生物水解方面，苏伊士水技术（原 GE 水处理公司）与加拿大圭尔夫大学合作建造了高级厌氧消化技术的中试装置，采用生物水解预处理技术，优化处理生物固体，提高沼气的产量。

　　除上述介绍的水解方法外，还有一种常用的污泥预处理方法——超声波处理法，但其应用远不及水解法普及。其中较为知名的是德国 ULTRAWAVES 公司的超声波污泥处理系统，其处理生物污泥所用的超声波能量密度为 $4kWh/m^3$，通过破坏微生物细胞的细胞壁，释放胞内有机质来促进水解和消化的进行。

　　尽管现在大多数工艺都是针对污泥厌氧消化的预处理技术，但一些技术公司也开始探索对污泥厌氧消化后的沼渣等残余物进行水解和脱水，主要是为了更好地资源化利用处理后的污泥。加拿大 Lystek International Inc. 公司开发的 LysteMize 工艺流程基于热碱处理的原理，在75℃的条件下，向污泥中加入碱并进行高剪切混合。这一工艺的产物不仅符合加拿大的A类生物固体标准，同时也可以提高厌氧消化的效果。图1-9为全球不同污泥预处理技术与其对应公司的市场简图。

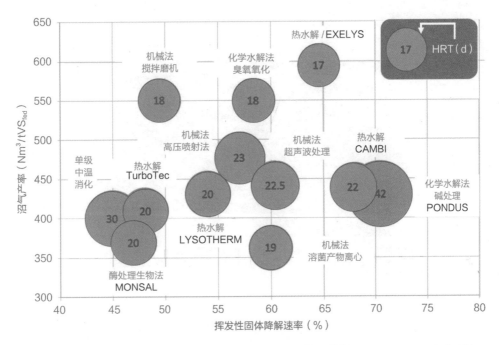

图1-9　不同污泥预处理技术与其对应公司的市场简图（来源：Powerstep & GWI）

近年来，越来越多的技术研究和开发重心从单一的传统预处理技术转向一些新型技术（如电脉冲）和联合处理工艺（如热水解与物理化学技术相结合）。除了对一些有机物溶解性的研究外，颗粒大小的缩减、大分子物质的反应、流变性的改变、生物酶的刺激、有机污染物的消除、消化过程中微生物动力的变化等都成为当前研究的热点。厌氧消化污泥预处理过程中最大的障碍在于处理的能源成本高，经济效益相对较低，可持续性有待提高。联合预处理能引发协同作用，被证明是克服现有预处理障碍的有效方法之一。除此之外，与耗能技术相比，一些低温预处理技术或者"温和"的预处理工艺很可能带来更多的效益。

1.1.3 好氧颗粒污泥工艺

好氧颗粒污泥是在特定环境条件下微生物之间自发形成的颗粒状生物聚合体，是生物膜的一种特殊存在形式。与传统意义上的生物膜相比，它们的最大区别在于好氧颗粒污泥在形成过程中无需载体，属于自凝聚现象。它的形成机制和微生物群落的具体组成十分复杂，迄今为止也没有统一的解释理论。图 1-10 所示为 Nereda 工艺形成的好氧颗粒污泥。

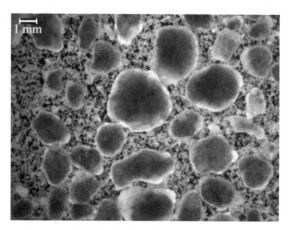

图 1-10 Nereda 工艺形成的好氧颗粒污泥（来源：Bruin，2000）

与传统活性污泥法相比，好氧颗粒污泥沉降性能更出色，它完全由生物质组成，无需支撑载体，污泥浓度高且无膨胀现象，其构造使其能以一个微小颗粒实现 COD 去除和脱氮除磷，因而能实现一池理念，操作简单，能耗更低而且无需投加化学药剂，占地更小，降低了建造和运行成本。

好氧颗粒污泥使生物质处于颗粒结构而不是絮状结构来对污水进行二级处理以及脱氮除磷。在此工艺里，反应器一般以 SBR 的形式设计，好氧颗粒污泥的内部结构是分为好氧和厌氧/缺氧层的，所以脱氮除磷和 COD 的去除是同时进行的。另外，好氧颗粒污泥反应器可以在更高的生物质浓度下运行，提高了负荷率，又能维持较长的 SRT 来完成稳定的硝化反应，防止亚硝酸盐的积累而产生毒性。如果设计运行得当，好氧颗粒污泥系统能在低 DO 值下运行，从而减少能耗。好氧颗粒污泥与传统絮状活性污泥的结构对比见图 1-11。

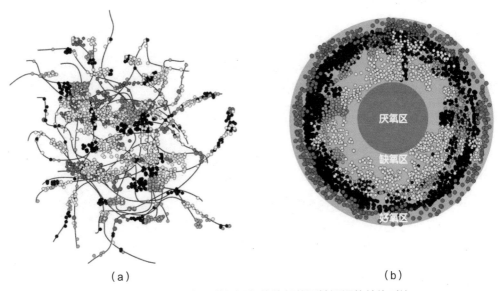

(a) (b)

图 1-11 好氧颗粒污泥与传统絮状活性污泥的结构对比

(a) 絮状活性污泥;(b) 好氧颗粒污泥

  好氧颗粒污泥技术最出名的工程应用是来自荷兰工程咨询服务公司 Royal Haskoning DHV 的 Nereda® 工艺。自 20 世纪 90 年代在荷兰代尔夫特理工大学的实验室开始研发,到 2012 年荷兰 Epe 建造的第一座市政污水处理厂的揭幕,Nereda® 技术经历了二十多年的发展才成熟。除了代尔夫特理工大学,参与组织还包括荷兰应用水研究基金会(STOWA)、6 个地方水委会,以及 Royal Haskoning DHV 公司。后者为该工艺技术注册了 Nereda® 的专利名字。在过去几年里,Nereda® 好氧颗粒污泥技术已在欧洲、澳洲和南美洲等地区获得了项目合同,值得一提的是,一个 1000m³/d 的中试项目正在香港沙田污水处理厂进行。这些工程案例的数据将有助于加深我们对好氧颗粒污泥工艺的认识及对其未来前景的评估。

  除了 Nereda®,源自奥地利 ARAconsult 公司的 inDENSE™ 是另一项能够生成好氧颗粒污泥的技术。它是 DEMON 厌氧氨氧化工艺使用的水力旋流器(hydrocyclone)在生物除磷、改善污泥的沉降性能、提高处理能力方面的延伸应用。它能对二沉池排出的污泥进行筛选,将沉降性能好的颗粒污泥回流到生物反应器中。在不改变原工艺的条件下(如传统的连续式活性污泥工艺),inDENSE™ 大大提高了污泥体积指数(SVI)的表现,无需新增二沉池就能解决混合悬浮固体沉降性能差的问题。

传统的活性污泥工艺通过固液分离手段将生物反应池的出水从生物质中分离出来。在二沉池中，活性污泥固体通过重力作用沉至池底部。要维持工艺的正常运行，需要确保 F/M 和 SRT 值在适当范围内，所以大部分的污泥会回流到生物反应池中，这部分称作回流污泥（Return Activated Sludge，简称 RAS），不回流的污泥从工艺线中取出，成为剩余污泥（Waste Activated Sludge，简称 WAS）。后者通过消化、脱水等方法得以处置。沉降性能差的微生物（如丝状菌）的生长速度快过易于沉降的菌胶团细菌的生长速度，这可能会导致系统沉降性能下降，最终降低整个工艺系统的处理能力。InDENSE™ 研发团队提供的 3 年测试数据显示该工艺能显著提高污泥的沉降性能，并保持稳定，如图 1-12 所示。

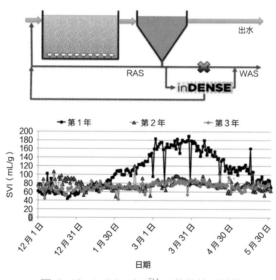

图 1-12　inDENSE™ 工艺的处理性能

另外，据介绍这项技术还附带强化除磷的作用，解决了传统活性污泥工艺常见的污泥膨胀问题，提高了污水处理厂的实际处理能力。中试测试地点包括奥地利的 Strass 污水处理厂、瑞士的 Glarnerland 污水处理厂、瑞典的 Kapala 污水处理厂和美国的 James River 污水处理厂（HRSD）。SVI 改善度在 80～100mL/g 之间。图 1-13 所示为曾在奥地利的 Strass 污水处理厂运行的 inDENSE™ 装置。

图 1-13 曾在奥地利的 Strass 污水处理厂运行的 inDENSE™ 装置

1.1.4　膜传氧生物膜技术

MABR 工艺的全名是膜传氧生物膜反应器（Membrane Aerated Biofilm Reactor），是一种基于氧气 / 空气的 MBfR 工艺。MBfR 工艺指的是基于膜传导的生物膜反应器（Membrane Biofilm Reactor）。MBfR 工艺的一大优势是其设计的多样性。在该系统里气体通过膜（管式、中空纤维、平板）输送至液相，生物膜生长在膜的外表面。MBfR 的逆扩散传质原理如图 1-14 所示。

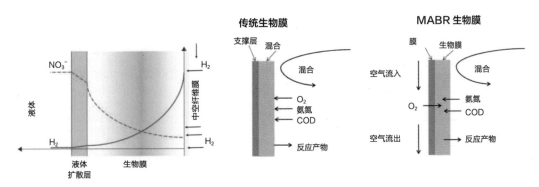

图 1-14　MBfR 的逆扩散传质原理图

目前有两种系统得到推广：一种是基于氢气的 MBfR，氢气作为电子供体被传送到生物膜；另一种是基于氧气 / 空气的 MBfR，氧气作为电子受体被传送到生物膜，即 MABR。

MBfR 能更好地控制电子传递，这使同步好氧 / 缺氧工艺（例如亚硝化 / 厌氧氨氧化）能通过清晰的氧化还原分层的生物膜得以实现。基于氢气的 MBfR 在美国加州已经有一个商业应用案例。而基于氧气／空气的MABR工艺主要有苏伊士水技术（原GE水处理公司）的ZeeLung™（见图1-15）、爱尔兰的OxyMem™以及美国FLUENCE公司的MABR技术。

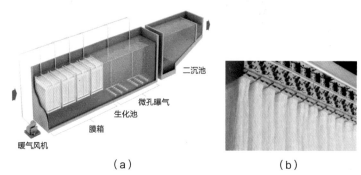

图1-15　ZeeLung™的反应器设计原理图及ZeeLung™中空透氧膜组件
（a）ZeeLung™的反应器设计原理图；（b）ZeeLung™中空透氧膜组件

MABR工艺很好地结合了COD/BOD的去除、硝化／反硝化和厌氧氨氧化。ZeeLung™其中一个用于三级硝化的示范项目位于芝加哥的O'Brien再生水厂，规模为2300PE。2017年初比利时的Aquafin水务公司在Schilde污水处理厂的扩建项目中也选用了ZeeLung™的MABR工艺，规模为8000m³/d，这是ZeeLung™在欧洲的首次应用。另外，美国伊利诺伊州Yorkville城的YBSD（Yorkville-Bristol Sanitary District）污水处理厂的升级改造也用了ZeeLung™的MABR工艺，处理量约13000m³/d，升级后的YBSD污水处理厂将是世界上最大的MABR工艺应用案例。如图1-16所示。

图1-16　美国YBSD污水处理厂

另一方面，据称 OxyMem™ 至少有 9 个工程应用案例，处理不同情况的进水和出水，分布在日本、瑞典、西班牙、英国、爱尔兰和巴西等国。图 1-17 所示为 OxyMem™ 的 MABR 组件经运行后的外观。

带有生物膜的 MABR 模块：中空纤维膜长度为 1.5m，活性表面积为 2000m²。另带智能曝气

图 1-17　OxyMem 的 MABR 组件经运行后的外观（YouTube 截图）

基于 MABR 工艺的解决方案似乎能在实现能量自给和保证优质出水之间找到很好的平衡点，而且在基建方面，能与原有工艺设备线兼容，可沿用传统的初沉池和二沉池，也可与新型的盘式过滤机等深度处理系统相结合。不过它在实际大型污水处理厂的表现会如何，仍有待更多的工程案例验证。

1.1.5　沼气提纯

沼气是厌氧发酵的产物，它是一种宝贵的可再生能源。虽然它的主要成分是甲烷，但还含有水、硫化氢、二氧化碳和硅氧烷等杂质。沼气经过净化提纯后可以与石化天然气相媲美，故被称为生物天然气（Biogas Natural Gas，简称 BNG）。 生物天然气经过压缩，可以成为车用燃料（CNG），相对汽油和柴油等化石能源，使用生物天然气不仅可以降低汽车尾气排放造成的空气污染，而且可以减少温室气体的净排放量。

生物天然气另外一个优点是可以并入现有的天然气管网，无需额外的基建配套。因此，如何高效利用并实现沼气提纯规模化是以能量自给为目标的污水处理厂的探索方向之一。

沼气提纯已有成熟的行业标准。但这些提纯工序本身需要耗费能源，如何提高提纯技术的效率是问题的关键，目前沼气提纯还面临着各种难题，例如：

（1）使用再生吸附技术时会造成甲烷的损失；

（2）去除硫化氢需要频繁更换载体，而且人工费用高；

（3）溶剂分离技术的工艺复杂，而且运行表现数据有限。

沼气提纯的主要方法包括膜分离技术、生物过滤、溶剂分离、水洗等。

膜分离技术主要去除的是二氧化碳和硅氧烷等杂质，主要有两种方法：一种是膜两侧是气相的高压气体分离；另一种是通过液体吸收扩散作用透过膜的分子的低压气相－液相吸收分离。膜分离技术的优点在于装置占地少，操作简单；缺点是膜元件价格昂贵，而且对油和粉尘敏感，需要相应的预处理。图 1-18 所示为中空纤维膜高压气体分离装置。

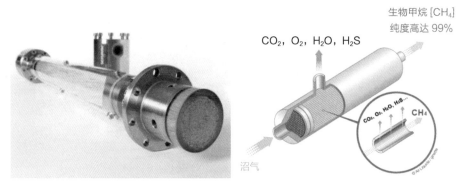

图 1-18　中空纤维膜高压气体分离装置

尽管膜分离技术的能耗和费用在过去五年已有所下降，但仍需较大幅度的提高，目前已经有不少工程案例，包括美国 Janesville 污水处理厂的沼气升级系统，如图 1-19 所示。

除了膜分离技术，溶剂分离是另一种去除二氧化碳的方法，包括化学溶剂法和物理溶剂法。前者能耗高，应用较少；后者利用酸性气体和甲烷在溶剂中的溶解度不同脱除二氧化碳和硫化氢。常用溶剂有碳酸丙烯酯（PC）、聚乙二醇二甲醚（NHD）、配方溶剂 Selexol 等。它的优点在于纯度和回收率高、溶剂循环量小、电耗低。缺

图 1-19　美国 Janesville 污水处理厂的沼气提纯系统和 CNG 储存供给装置

点在于溶剂再生需要大量热能，而且需要消耗甲烷来制备蒸汽，降低了生物天然气的总产量。另外化学溶剂对环境有影响，需要采取相应的后续处理。总地来说就是工艺复杂度较高。

除了二氧化碳，硫化氢是沼气中另一种有害杂质，它会腐蚀设备或引起硫化氢中毒，而且沼气中的硫化氢在燃烧时会被氧化成二氧化硫或三氧化硫造成更大的危害。生物过滤是常见的处理方法，它与化学脱硫相比化学剂用量更少，更为环保。丹麦的BioGasclean 是其中的技术代表，其工程案例遍布全球 38 个国家的 180 个项目。它的缺点是投资成本较高以及只有脱硫的单一功能。

水洗是另一种常见的沼气提纯技术，它的优点之一是能同时脱硫和除碳。其原理是利用酸性氧化物在水中溶解度比甲烷大的性质脱除二氧化碳和硫化氢。水可以通过降压、气提等方式再生并循环使用；条件合适的情况下也可以全部使用新鲜水，省去水再生过程。水洗过程实际上也是物理吸收过程，适用于二氧化碳分压高的情况。它的主要优点包括无需化学药剂、可低压操作、只需要用水；缺点是甲烷损失率较高、未必适用于缺水地区、提纯后需要进行干燥处理等。美国加州奥兰治县正在进行小型测试，以评估示范项目的可行性。

总地来说，虽然这些都是成熟的技术，但是它们在污水处理领域的应用前景还要等待市场的检验。

1.2 强化化学能回收

1.2.1 CANDO 技术

CANDO 是一种能从侧流氨氮废水中回收一氧化二氮（N_2O）的脱氮工艺技术，英文全称是 Coupled Aerobic-anoxic Nitrous Decomposition Operation。它是由斯坦福大学发明的一项新工艺。在传统的污水处理系统里，N_2O 被认为是一种有害的副产物，因为其温室效应强度是 CO_2 的 310 倍。科学家对它进行了研究，试图通过理清它的来源来减少它的产量。实际上它和甲烷一样，排到大气中就成了有害的温室气体，将其捕获并加以燃烧就成了宝贵的可再生能源。N_2O 可以作为助燃剂提高发动机的效率。

CANDO 工艺的第一步一般是 SHARON 的短程硝化工艺，这是非常成熟的工艺，能减少处理侧流液所需曝气量的 25%。目前研发团队正在位于美国加州 Delta Diablo 的 Antioch 污水处理厂对此工艺进行测试，目的是为了解决污水处理厂的厌氧消化工艺产生的高氨氮消化液。

CANDO 的反应原理如图 1-20 所示。CANDO 工艺包括 3 个反应步骤：

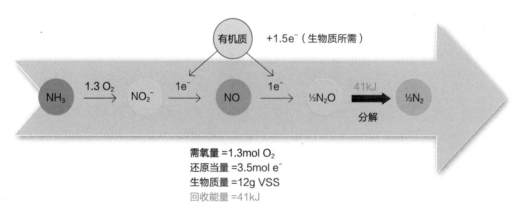

图 1-20　CANDO 的反应原理图

第一步：亚硝化反应；

第二步：部分缺氧还原反应；

第三步：分解释能。

反应的第一步已经在众多短程硝化的工程应用中得到验证（例如 SHARON，转化率高达 95%），第三步反应也有详实的记录。对于关键的第二步反应，CANDO 项目组分别用化学方法和生物方法进行了测试。化学方法是通过二价铁来还原 NO_2^-，关键的反应式如下，反应物是菱铁矿或者一种"绿锈碳酸盐"：

$$4FeCO_3 + 2NO_2^- + 5H_2O \rightarrow$$
$$4\gamma\text{-}FeOOH + 2H^+ + N_2O + 4HCO_3^-$$
$$Fe^{II}_4 Fe^{III}_2 (OH)_{12} CO_3 + 2NO_2^- + H^+ \rightarrow$$
$$6\gamma\text{-}FeOOH + HCO_3^- + N_2O + 3H_2O$$

用这种非生物方法，在 2.5h 的反应时间里转化率就可达到 90%。

生物方法的主要原理是部分异养反硝化，策略是对反应器交替加入乙酸根和亚硝酸根，乙酸根让微生物释出聚羟丁酸（PHB-polyhydroxybutyrate），作为还原 NO_2^- 的还原等价物。在超过 200 次的交替进料反应时间里，N_2O 的转化率可达到 62%，氮的去除率可达到 98%。如图 1-21 所示。

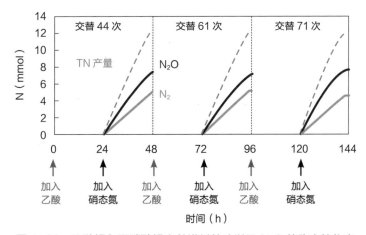

图 1-21　乙酸根和亚硝酸根交替进料策略以及 N_2O 的稳定转化率

由于上述的小试结果喜人，CANDO 团队获得了包括斯坦福的 TomKat 可再生能源中心、美国国家科学基金会 ReNUWIt 研究中心以及威立雅水务公司的资金资助，并在加州 Delta Diablo 的 Antioch 污水处理厂做中试实验。

硝化/反硝化虽然目前应用最广泛，但实际上能耗最高。而工程案例日渐增加的亚硝化＋厌氧氨氧化工艺，是目前最好的替代选择，需氧量能减少 60%，污泥产量也能减少 75%。但是它受制于工艺的稳定性、耐固性和敏感性，发展依然相对缓慢。虽然与厌氧氨氧化工艺相比，CANDO 工艺的能耗和污泥产量都没有优势，但因为它选用的是异养细菌来反应，所以反应时间快于厌氧氨氧化工艺，这可能有助于提高工艺稳定性。另外据文献介绍，上述的交替进料（厌氧／缺氧）策略能实现磷的回收，原理同强化生物处理类似。当然，CANDO 的最理想结果就是能利用自养微生物来实现脱氮的目的，但这个超前的概念依然需要实验来验证是否可行，它更像是现有的厌氧氨氧化工艺的变种，但需要更多的微生物基础知识来支持它的发展。

目前 CANDO 工艺仍是一项小众技术，处在实验室规模和中试规模的阶段，需要更有力的商业案例来取得实际性突破，而氨氮的去除率和转化率都需要超过 80%、氨氮的负荷率要超过每天 1kgN/m^3 才能让这项工艺更有吸引力。整个技术研发阶段的时间可能长达 10 年。在基础研究方面有待解决的问题包括如何改进 N$_2$O 的利用效率、如何降低系统的复杂度、能否把应用范围从侧流拓展到主流等。在规模方面，专家们的观点相差较大，有的认为适于 10MGD（约 3.8 万 t/d）以下的规模，有的则认为需大于 100MGD（约 3.8 万 t/d）。考虑到大型污水处理厂侧流的氨氮负荷更高，后者的能量效益应该会更高。此外，该技术面对的挑战还包括工艺的风险、长期运行的可靠稳定性、成本效益以及没有相应的再生能源政策促进这样的新技术的发展。

1.2.2　回收制造高级碳氢化合物

除了传统的沼气回收和氮磷回收之外，科学家一直在研究如何从厌氧消化工艺中回收经济价值更高的燃料产品，例如可以直接用于现有运输设施的替代燃料。在此背景之下，美国能源部将从污泥和其他湿式有机废物以及沼气和沼渣中产生的含有 4 个或 4 个以上碳原子的分子定义为高级碳氢化合物（higher hydrocarbons）。在空气质量要求特别严格或者电价较低的地区，这种回收资源的方法可能比传统的厌氧消化产沼气加 CHP 热电联产的方法更有经济优势。

但是该领域的工艺技术大多处于理论研究和实验室规模的测试阶段，包括生物质水热液化（Hydrothermal Liquefaction，简称 HTL）等，这些技术对于大部分水处理行业的人都是比较陌生的，因为它涉及了太多的关于产品、反应平台和反应路径等方面的知识，对化工知识和思维有较高要求。总地来说，这个领域的潜在产品清单如下：

（1）热解油；

（2）热裂解气（CO、H_2、CH_4、CO_2）；

（3）气化器产生的合成气体（如 CO、H_2、乙烷和其他气体）；

（4）中间产物如甲醇；

（5）挥发油（Naphtha），作为生产塑料的底料；

（6）正丁醇；

（7）挥发性脂肪酸（VFAs）中生产的生物柴油；

（8）和其他传统燃料混合的产品；

（9）虾饲料（更高价值的动物饲料产品）。

费托合成反应器（Fischer-Tropsch reactors）被认为是能实现这一目标的技术路线。但是专家们也指出现有污水处理厂的污泥产出规模很难满足费托合成工艺的要求，反过来说，很难把前者按比例减少来匹配污水资源回收工厂的产出。对此，一些专家指出可以通过存库系统的方法来解决这个问题：先在污水处理厂把污泥转化成一个中间产物（如热解油），然后几个厂的中间产物运到一个大厂集中处理。

1.2.3 从沼气或者沼渣中回收高级碳氢化合物

与上一节类似，这个技术领域也有很多处于不同阶段的工艺。对于沼气而言，这些技术的目标是要生产比沼气经济价值更高的燃料或者化学品。

专家们提到生物工艺可以将甲烷转化为甲醇或丁醇，这将大大减少污水处理厂因为要脱氮而使用甲醇造成的碳足迹。除了生产碳氢化合物，生物塑料是另外一种产品。从斯坦福大学走出来的 Mango Materials 公司是一家生产生物塑料的初创公司。他们的工艺是利用沼气"喂养"甲烷氧化菌（methanotrophs），能将甲烷转化为聚羟基烷酯（PHA），产量高达细胞质量的 50%。

1.2.4 强化厌氧消化中的甲烷产量

污泥预处理和协同消化是提高厌氧消化中甲烷产量的常见手段，已成功实现商业应用。除此之外，还有其他技术能提高甲烷产量。但是这些技术的推广一直受到限制，或者因为缺乏政策奖励的支持，或者因为电力部门和水务部门之间没有建立健全的合作关系来促进能量回收利用。

如果这些技术想要实现工业化的突破，第一步可能需要对沼气生产的优点和标准提出更清晰、更系统的定义，制定相应的标准来作为行业执行模板，且需要对相关理论知识有更深入的了解。

美国 WERF 曾对此做过调查统计，将除了污泥预处理和协同消化以外的能提高厌氧消化中甲烷产量的技术进行了分档归类，分档标准是各项技术对甲烷产量潜在提高效率，如表 1-4 所示。

强化甲烷产量的技术总结（污泥预处理和协同消化除外）　　　　　　表 1-4

甲烷产量提高率	技术名称和相应难点简介
10%	1. 剩余污泥厌氧接触法（WASAC）：剩余污泥与部分活性污泥接触小于 30min，中试结果显示沼气产量提高 10%～30%（见图 1-22）； 2. 酸气消化：只对初沉污泥有效； 3. TPAD（两段消化法）：建造费用高
10%～25%	1. 多段消化：臭气控制； 2. 厌氧 MBR：膜污染严重、运行复杂度高； 3. 改善水解工艺：需要了解清楚水解限制因素； 4. 后消化热水解：各种技术难点； 5. 生物放大：需要更多基础研究； 6. 微生物资源管理：需要更多研究； 7. 添加微量营养物：有待研究； 8. 酸气消化：有待研究； 9. 不同负荷率的测试：需要时间和复杂度来优化系统； 10. 恢复性浓缩：能耗高、新增工艺单元、运行复杂
25%～50%	1. 测试 FOG（油脂类有机质）及餐厨废物的 VS 和 COD 的甲烷潜在产出值：需要实验室和工程应用的直接对接测试； 2. 催化强化，利用微生物基因操控来强化代谢路径

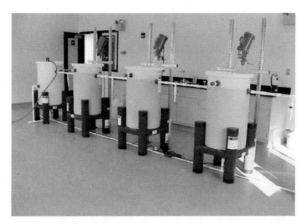

图 1-22 位于美国内华达州克拉克郡的 WASAC 剩余污泥厌氧接触法的中试反应器

值得一提的是，除了表 1-4 提到的技术之外，通过厌氧消化回收能源，还需要把污水处理厂作为一个整体规划：提高甲烷产量的前提是要给生物脱氮工艺提供足够的碳源，两者之间存在制衡关系。厌氧消化回收能量的减少有时是因为需要在初沉池中预留更多碳源供脱氮工艺使用，正因为如此，厌氧氨氧化等无需外加碳源的脱氮工艺才会具有市场需求。

1.2.5　协同消化

协同消化是指污水处理厂污泥与其他有机废物共同进入消化池进行消化，这些有机废物包括油脂、餐厨垃圾等。厨余协同消化的案例近几年在欧美地区快速增加，行业对这个工艺的认识逐渐加深，对协同消化的技术和管理手段的优化有了一些新的方法和认识。在技术方面的新措施包括：进料组成分析、消化罐容积优化和控制、工艺控制、化学计量分析、与微生物电解池结合产氢（附加值更高的燃料，还能降低出水BOD）、热水解预处理、餐厨垃圾预处理（欧洲有 11 个实际工程案例，商业公司包括 ClearCove、Ithaca、Grind2Energy、Salsnes 等）、复原性浓缩工艺（美国加州Victorville 再生水厂的 Omnivore 消化器案例）、优化进料的混合均匀度分析、微生物群落鉴定。除了技术方面的措施，综合的风控管理也是协同消化优化的重要手段之一。

虽然这项技术已相对成熟，但在实际应用和实现最终盈利上，还存在着一些挑战，例如：

（1）提高物质的鉴定技术和工艺模型输入的建设；

（2）改进碳同位素分馏法来更好地定义厨余和污泥的协同作用；

（3）厨余中的组分（蛋白质、脂类和碳水化合物）的非能源用途的作用分析；

（4）提高居民区垃圾分类的方法以提高系统的回收率；

（5）减少污水处理厂和发电厂之间的一些法规阻碍；

（6）优化氮回收策略，把它转化成农业肥料等产品；

（7）开发更加综合而明确的商业模式来展示其市场价值。

虽然有些技术工程师认为污水处理厂利用餐厨垃圾进行协同消化回收能源不算是真正意义上的"能量自给"，但从商业角度考虑，协同消化其实是大多数水资源回收工厂最大的潜在能量来源，也是实现覆盖地区碳足迹最小化的有效途径，因为市政固废中的餐厨垃圾是最大的有机物来源。美国加州是使用该技术的典型代表，该州设立了厌氧消化项目，截至 2017 年 5 月已经有约 30 个项目，其中 1/3 为污水处理厂污泥与其他有机废物协同消化，据悉这些有机废物足够满足加州 5% ~ 10% 的能耗需求。

协同消化的效率与进料的混合情况密切相关，美国密歇根大学已经对协同消化系统的功能运行空间进行了模拟分析，以此来发现哪些设计因素能最好地预判其运行表现以及哪些因素对系统最为敏感。

另外需要认识到餐厨垃圾是一种动态的资源，世界各地都有各式各样类似中国的"光盘行动"来减少餐厨垃圾的活动。如果社会真的能够减少对食物的浪费，将能减少食品生产的碳足迹，对于整个社会来说是一件好事，但同时可能会影响到协同消化应用的稳定性。所以如果考虑采用协同消化处理工艺，则需要考虑到餐厨垃圾进料的不确定性带来的影响。

1.2.6 厌氧产氢

氢气热值高，可以储存和运输，被公认为是一种清洁绿色能源。目前制氢的方法有很多种，可分为化学制氢、生物发酵制氢、电解水制氢等。其中基于石油、天然气的化学制氢是目前世界上应用最广泛的制氢方法，所谓的"污水变氢气"的工程案例其实是甲烷裂解制氢的反应。生物发酵制氢是以有机废物为进料，通过微生物发酵产氢，但该方法需要预处理来抑制产甲烷菌，工艺复杂，且产氢率较低。电解水制氢是一种完全清洁的制氢方式，但其能耗较大，因此其应用推广受到一定的限制。

科学家在微生物燃料电池（MFC）的基础上发现了一种新的产氢方法，即微生物电解（MEC）产氢。MEC 相对于 MFC 来说，是其反过程：微生物电解池中的微生物，在其代谢过程中，电子从细胞内转移到了细胞外的阳极，然后通过外电路在电源提供的电势差作用下到达阴极。在阴极，电子和质子结合就产生了氢气。如图 1-23 所示。

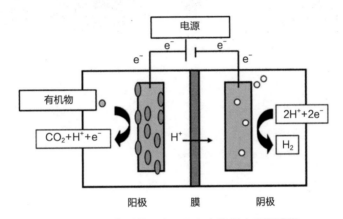

图 1-23　典型的两室 MEC 产氢反应器原理图

MEC 产氢技术能耗低，产生的氢气是比甲烷附加值更高的清洁能源；同时它能处理废水，降解有机物，并且产泥量低，可减少剩余污泥处理费用；还能够将有机物彻底氧化，能量利用率高；又能限制恶臭气体的排放。另外，大家认为这个系统可以模块化制造，并灵活植入工业、农业和市政污水、有机固废等许多系统中，因此理应具有很好的发展前景。但 MEC 离实际应用还有较大距离，许多商业和技术挑战有待解决，如膜、阳极和阴极材料、反应装置、提纯储存等问题，因此还要从以下几个方面进行研究：

（1）优化阳极和阴极材料，降低阴极析氢反应电势，改善 MEC 性能；

（2）改进 MEC 装置，以降低投资、运行成本；

（3）鉴定系统中活性微生物和运作机理，为 MEC 进一步发展奠定理论基础；

（4）抑制产甲烷菌的活性，提高产氢效率等。

此外，实际废水成分复杂，其中微生物种类更是繁多，如何增强对复杂有机物的降解和控制系统中微生物的反应，也成为 MEC 日后的重要研究内容。图 1-24 所示为文献报道的 MEC 中试系统。

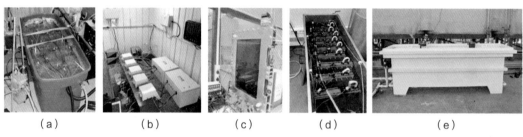

图 1-24　有文献报道的 MEC 中试系统（规模介于 100 ~ 1000L）

（a）Howdon Pilot, Northumbrian Water Ltd.（英国）；

（b）Fishburn STW Pilot, Northumbrian Water Ltd.（英国）；

（c）University of Le ó n（西班牙）；

（d）Universitat Aut ò noma de Barcelona（UAB）（西班牙）；

（e）Napa Valley（美国）

1.2.7　污泥的热解和气化

污泥的热化学转化是污泥处理的另一种替代方式，包括初始污泥和消化污泥的处理，目的是生产燃料气体作为高质量能源。热化学转化的优点在于污泥中的所有有机成分都能转化成燃料气体，剩余的副产物是无碳矿物质，后者可用填埋的方式处理。热化学转化的另一个优点是可以对不同热值的废物进行混合处理。气化(gasification)和热解（pyrolysis）是具体的实现技术，两项技术紧密相关，唯一的不同点在于是否有氧的存在以及产物的形式。

热解是在反应温度超过 300℃的无氧（惰性气体如 N_2 ）环境下进行，而且只有少量的水分。热解的产物可以是焦炭、液体或者气体。如图 1-25 所示。大部分研究的目标产物都是液态油，因为其物化性质适于用作燃料或者高附加值化学品。剩下的固体残渣由于具有良好的蓄水能力并且含磷，可以进行农用。

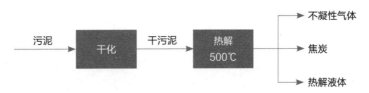

图 1-25　污泥热解工艺原理图

截至目前,唯一一座算得上严格意义上的工业级污水污泥热解案例位于澳大利亚珀斯。该技术名叫 Enersludge™,最初由德国的 Bayer 教授在 20 世纪 80 年代提出,该污水处理厂建于 1997 年,耗资 1100 万美元,处理规模为 75000m³/d,每天处理约 25t 干污泥。该工艺的目的是通过生产热解油并对其燃烧回收能源,产生的电能服务于厂区或并入电网。

气化是在少量的反应气体作用下(空气、水蒸气或者 CO_2),在 800 ~ 900℃的高温下,将含碳有机物转化成可燃气体,气化后的固体成分是灰分,生成的合成气一般是 CO、CO_2、H_2、CH_4 和其他碳氢化合物。如图 1-26 所示。具体组成视原材料的成分以及反应系统的具体条件而定。经过加工处理之后,这些气体的用途远比原有生物质丰富,例如可以充当内燃机的燃料,或者生成甲醇或者费托合成液体(Fischer-Tropsch Liquids)。

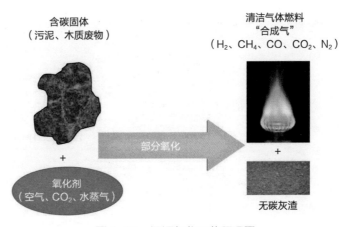

图 1-26　污泥气化工艺原理图

污泥气化处理能显著减少污泥体积,去除有毒的有机化合物,固定重金属。关于污泥气化的研究可追溯到 20 世纪 90 年代中期,有关文献显示污泥气化的比产气速率为 2 ~ 3m³/kg，低于木质纤维生物质的典型值，这是因为污泥的灰分含量较高（20% ~ 40%），所以这些气体一般用于锅炉、内燃机，而不能用于管道运输。但值得一提的是，污泥气化生成的合成气的净化处理是其实现工程化应用的技术瓶颈，气化过程中产生的杂质，例如焦油、氯化氢、硫化氢和氨气的去除问题都有待解决。

1.3　兼顾能量回收的高效污水处理技术

1.3.1　主流厌氧技术

将厌氧技术用于主流处理的理念可以追溯至 20 世纪 80 年代，荷兰瓦赫宁根大学荣誉教授 Gatze Lettinga 和比利时根特大学的 Willy Verstraete 教授联合其他几位学者通过 Elservier 出版的《厌氧发酵》一书中提出了"市政污水和低浓度废水的厌氧处理"的概念。他们认为采用厌氧处理对发展中国家十分有吸引力，因为厌氧是一个自身产能的系统，可用于 7 ~ 10℃的低温地区，技术上安装简易，污泥产量少，氨氮等副产物可用于农业灌溉。自从 Lettinga 教授在哥伦比亚的卡利市建造了一座 64m³的中试 UASB 污水处理厂之后，主流厌氧消化工艺一度在南美和印度等发展中地区得到迅猛发展，相关资料显示印度有超过 45 座基于 UASB 工艺的市政污水处理厂，最大的设计规模甚至达到 33.8 万 m³/d。但由于 COD 去除率不高（只有 60% ~ 80%），以及这些发展中国家和地区对厌氧预处理的理解还不够深入，造成过高的期望或误解，阻碍了它的进一步发展。

尽管如此，在过去的 30 多年里，厌氧技术应用依旧在不断发展：UASB 工艺逐渐实现标准化设计和生产，同时也有厌氧膜生物反应器（Anaerobic Membrane Bioreactors，简称 AnMBRs）、厌氧流化床膜生物反应器（Anaerobic Fluidized bed Membrane Bioreactors，简称 AFMBRs）等新工艺的兴起。但由于厌氧处理的内在特性，各种工艺都需要配套相应的后续处理工艺使出水达到排放标准。

厌氧处理系统已经成功应用到高浓度工业污水多年，如今研究者开始重新把目光投向了低温地区的低浓度市政污水的范畴，他们细分的研究领域主要包括：

（1）如何回收溶解态的甲烷；

（2）如何处理氨氮和硫化氢；

（3）如何与其他主流脱氮技术相结合；

（4）如何与微生物电解池技术相结合；

（5）生成其他替代产品，例如甲醇和 VFAs；

（6）对固体颗粒进行经济实用的预处理以提高转化率；

（7）对进水流量变化的有效管理。

由于 UASB 的众多案例已为人熟知，所以本书不再赘述，只对 AFMBRs 和 AnMBRs 的有关案例作简要介绍。

斯坦福大学荣誉教授 Perry McCarty 自 2010 年起与韩国教授 Jon Kim 共同研发了分段式厌氧流化床膜生物反应器（SAF-MBR），并通过向反应器里投加颗粒活性炭来防止膜污染。如图 1-27 所示。他们在韩国富川市进行了一个 $12m^3/d$ 的中试实验，进水是初沉池的出水（COD 约 500mg/L）。在超过 500d 的运行中，除了第一个冬季之外，其他时间的出水都满足美国环保署的标准，BOD 去除率超过 95%，剩余污泥仅为好氧工艺的一半，而且无需后续单独消化处理。系统需要的能耗仅为 $0.058kWh/m^3$，远低于传统好氧 MBR 处理同等 COD 的能耗值（约 $1kWh/m^3$）。另外，McCarty 教授曾对市政污水的有机质做过量化分析，以进水 COD 为 500mg/L 为例，其能量潜能为 $1.93kWh/m^3$。这个中试结果显示改良的 AFMBRs 能适应低温环境，而且污泥产量显著减少，但是氨氮未做处理，研究团队的建议是直接用作农用肥料。

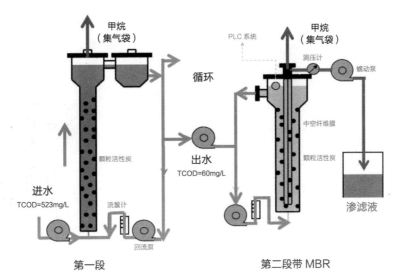

图 1-27　分段式厌氧流化床膜生物反应器（SAF-MBR）工艺原理图

这个建议对于许多地区可能并不适用，所以后续氨氮的处理可能是 AFMBRs 需要解决的问题之一。

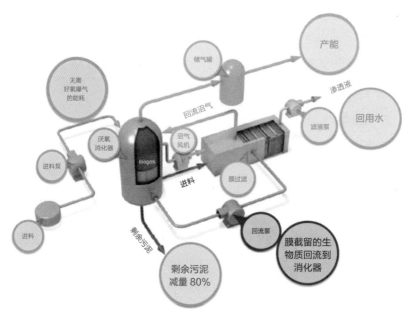

图 1-28　原 GE Water 公司开发的 AnMBRs 工艺流程图

　　AnMBRs 工艺结合了厌氧消化和膜技术，在实现优质出水的同时，回收了污水里的能量。理论上，它克服了实现污水处理真正意义上的可持续发展的几大技术障碍——无需好氧曝气、污泥量少、回收能量等。不少知名工程公司也已经在世界各地进行了工程应用，其中包括原 GE Water、PENTAIR 和 VEOLIA 等行业巨头。应用范围包括乳制品厂、啤酒厂、肉类加工厂、食品加工厂和生物燃料厂等，这些案例证实了 AnMBRs 适合处理工业废水，一般来说需要的进水 COD 不低于 5000mg/L，流量不低于 100m³/d，同时 AnMBRs 也可以处理高盐度或者高脂肪油的污水。但其在市政污水处理领域仍没有实际案例支持。图 1-28 所示为原 GE Water 公司的开发的 AnMBRs 工艺流程，图 1-29 所示为原 GE Water 公司的厌氧膜生物反应器（AnMBRs）。

图 1-29　原 GE Water 公司的厌氧膜生物反应器（AnMBRs）

1.3.2　微生物燃料电池

关于细菌能够传递电子的记载最早可以追溯到 1911 年——英国植物学家 Potter 发现细菌培养液可以产生电流，由此揭开了生物电化学系统（Bioelectrochemical System，简称 BES）研究的序幕。生物电化学系统是利用吸附在任一个或者两个电极上的微生物催化氧化反应（生物阳极）或（和）还原反应（生物阴极）的生物电化学反应器。近几年以美国宾夕法尼亚州立大学 Bruce Logan 教授的研究为代表，使大家看到了这项技术在污水中回收能量和资源的潜力，因此受到了各国研究者的关注。

生物电化学系统可分为微生物燃料电池和微生物电解池两种形式。当微生物将底物氧化，阳极还原，外电路电子传输、质子迁移进入阴极发生还原反应时，这样的产电装置就成为微生物燃料电池（Microbial Fuel Cells，简称 MFCs）。微生物燃料电池原理如图 1-30 所示。

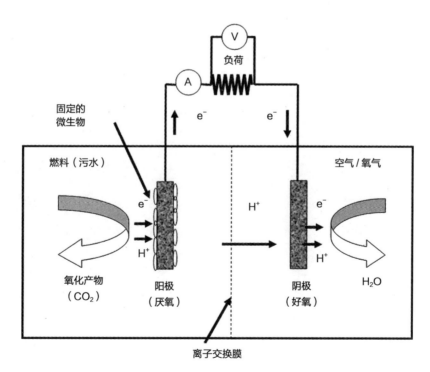

图 1-30　微生物燃料电池原理图

微生物燃料电池（MFCs）通过微生物的新陈代谢作用产电。在新陈代谢的最后阶段，电子会沿着细胞膜传送到最终的电子受体，一般为在氧化情况下的氧气。而在微生物燃料电池里，细菌将它们的电子传到胞外的一个阳极上，然后电子通过外电路从阳极流向阴极，从而形成电流。

过去微生物燃料电池很难处理低浓度污水，但专家说他们已经发现了能够处理COD在150～200mg/L的案例。在高浓度的情况下（3000mg/L），反应器会变成厌氧状态。因此，从COD的范围来说它适用于典型的市政污水。

专家认为MFCs最有可能的应用是在进入二级处理前的COD去除工艺，优点是减少曝气量，或者作为厌氧反应器的预处理。另外，它也可以作为厌氧消化的替代工艺，这样就不用担心甲烷排放造成的风险。

但是，专家认为这项技术仍然处于研究阶段，目前存在的技术问题包括电极的效率和生产设计、真实污水的应用、规模升级、改进长期运行的表现和寻找低压应用等。商业方面的挑战包括电极等设备成本、缺乏中试规模的示范项目、后续营养物的去除等。要使MFCs变得更加有竞争力，其电流需要达到$25A/m^2$，电极要变得更加易于生产，成本需要小于100～150美元$/m^2$，而总资本支出要低于500美元$/m^2$。

1.3.3 超临界水氧化法

热化学方法处理污泥，与生物处理相比有许多潜在的优点，例如启动速度快、反应效率高、消毒灭菌效果更完全，并且能更好地应对各种条件的变化。但另一方面，热化学方法要求更加复杂的设备，能耗更高，有时还会产生NO_x、SO_x等需要后续处置的有害副产物。超临界水处理工艺是能同时满足污泥快速处理和能量回收的热化学工艺，特别是超临界水氧化（SCWO）和超临界水气化（SCWG）。两者的区别在于前者有氧气作为氧化剂，而后者没有氧气的参与。两种工艺的对比总结见表1-5，从表中可以看出SCWO的运行性能要优于SCWG。

随着温度和压力的升高，水分子会达到一个所谓的临界点，此时水的临界温度为374℃、临界压力为22.1MPa。在这个温度和压力以上的水就成为"超临界水"。如图1-31所示。超临界水可以作为溶剂，在不需要对污泥进行预浓缩和脱水的情况下，在短时间内对污泥进行快速气化或分解。在 1min 时间里，对反应器注入氧气，COD 就能转化为二氧化碳，出水是浆状的无机灰分。产生的热能可以通过热交换器得以回收利用。

SCWG 和 SCWO 工艺参数对比 表 1-5

参数	超临界水气化（SCWG）	超临界水氧化（SCWO）
反应热	吸热	放热
典型反应热值	$+8 \sim 10MJ/kg_{dry}$	$-10 \sim 20MJ/kg_{dry}$
氧化剂	不需要	需要
反应速率	较慢（＞1min）	较快（＜10s）
反应产物	CH_4，CO_2+CO+H_2	CO_2+ 热
N 的去向	液态 NH_4^+	气态 N_2
腐蚀电位	一般	一般到高
结渣堵塞风险	较高	较低

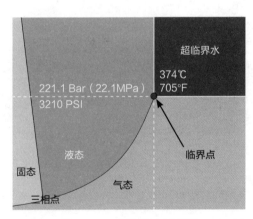

图 1-31　超临界水示意图

　　因为超临界水处理工艺具有上述优点，所以许多工程师和企业家投入到这项技术的商业应用的研发中，然而在过去的 30 年里我们还很难找到真正成功的工程案例。这与 SCWO 高温高压的工艺要求有很大关系，具体体现在材料选择、反应器设计、抗热抗腐蚀措施以及灰渣结垢等问题上，这些问题意味着投入成本的增加。

截至目前，提供了污泥超临界水氧化技术的商业公司包括法国的 Innoveox、爱尔兰的 SCFI-Aquacritox®、美国麻省理工学院 Michael Modell 博士创立的 SuperWater Solutions。但是很难找到这些公司设计 / 建造的项目的具体运行数据。有公开数据的是中国第一台污泥超临界水氧化中试示范装置。该项目于 2009 年由西安交通大学建设完成，最大处理能力可达 3t/d 湿污泥。根据该团队的报告数据介绍，该项目获得了 60 万美元的资助，而单位处理成本为 950 美元 /t 湿污泥。该装置的产热除了能满足自身的运行，还能生产 30t/d 的热水（80℃），但除此之外并没有更多的更新信息。

近期报道的另一个示范项目是美国杜克大学和密苏里大学联合设计和建造的集装箱式 SCWO 系统（见图 1-32）。该项目获得了盖茨基金会的"厕所革命"项目的资助，设计处理能力为 1000 ~ 1500 人口当量。该项目自 2015 年开始投入运行，目前已进入第二阶段，进料为二沉池污泥和异丙醇的混合物。目前项目结果显示出水没有臭味，COD 的去除率达 99.97%，氮磷的去除率也超过了 98%。

图 1-32 杜克大学的集装箱式 SCWO 系统实物图和处理效果展示

得益于近年来污泥问题获得的关注以及新能源项目资助的支持，超临界水氧化处理工艺在过去几年得到了前所未有的发展，包括中试示范项目的增加、抗腐蚀材料的引进、对工艺认识的加深。如果它的商业可行性最终获得认可，SCWO 可能会是污泥处理最具革命性的技术。

1.3.4　基于藻类的处理技术

"藻类"泛指从微观蓝藻细菌到巨大海带的一类生物。藻类包括微藻、大型藻（海藻）

和蓝藻细菌（也称为蓝绿藻类或单细胞细菌）。藻类生长速度快，可以从低浓度的水体中吸收营养物，而且能产生自身重量 60% 左右的油脂或者碳水化合物。这些有机物可以用来生产燃料或者其他商业用途的生物制品。

基于藻类养殖的污水处理系统有潜力实现能耗盈余和回收资源的双目标。藻类可以利用废水中的氮、磷等营养元素以及二氧化碳来进行生长，从而达到去除营养物以及固定二氧化碳的作用。藻类利用光合作用还可以产生氧气，并且以溶解氧形式存在，因此可以大大降低曝气池中机械曝气所带来的巨大的成本压力。而收获的藻类生物质还可以被处理成各类有价值的生物产品，如生物柴油、生物沼气、可再生烃类化合物、生物乙醇以及一些副产品（如动物饲料、肥料、工业用酶、生物塑料、表面活性剂等）。图 1-33 为藻类进行污水处理以及综合利用的简图。

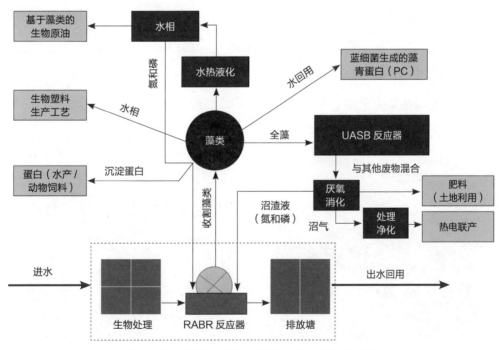

图 1-33　藻类进行污水处理以及综合利用的简图

微藻的生长速率以及脂质的含量取决于生长条件和其他决定因素，如光照强度，有机碳氮源、搅拌速度、温度、pH 值、盐度、溶解氧等。目前已被研究的生长条件包括光自养（仅有光照）、异养（无光照，添加营养物）以及混合培养（给定营养物，间歇性光照）。

微藻的培养方式大致可以分为开放跑道池（Open Raceway）、光生物反应器以及发酵罐。开放跑道池最为简单，能源需求和培养费用也较低，但只适用于自养型微生物。而且，开放的反应池容易受其他非理想菌种的污染。除此之外，开放跑道池培养出来的微藻产量低，受非生物因素（光强、CO_2 扩散等）影响很大。光生物反应器能够解决自然条件受限问题。例如，利用 LED 灯作为光源；在封闭系统中培养微藻来避免菌落污染问题。在混合培养或者自养条件下，发酵罐也可以用来培养藻类。基于现有的发酵技术和知识储备，微藻的异养培养具有很大的发展空间来生产生物燃料。

在废水处理中，藻类种植用的比较多的方式是悬浮生长（如跑道池）和附着生长（如生物膜）。从高速藻塘（HRAPs）是浅层的开放式的露天跑道池，主要用于处理市政污水、工业和农业废水。从高速藻塘系统中收获的藻类可以通过各种途径被转化为生物燃料，例如厌氧消化产生的沼气，通过脂质酯交换作用形成生物柴油，通过碳水化合物发酵形成生物乙醇以及高温条件下形成生物原油等。旋转藻类生物膜反应池（RABR）是较为常见的生物膜装置系统，如图 1-34 所示。

图 1-34　RABR 外形

目前美国、以色列、南非以及新西兰均设有实地规模的藻类跑道池系统。美国加州 San Luis Obispo 微藻污水处理试验厂于 2011 年建立，跑道池由混凝土砖砌成，总面积为 33m²。进水 cBOD 在 50 ～ 120mg/L 之间（随季节变化），出水 cBOD 一直维持在 10mg/L 以下。额外添加二氧化碳来维持碳、氮、磷的比例。经过二氧化碳添加处理，跑道池藻类浓度能达到 600mg/L，出水氨氮浓度小于 1mg/L（冬天除外），PO_4^{3-} 浓度小于 0.3mg/L。冬天气温低，需要额外的硝化/反硝化深度处理。夜间曝气（18：00—06：00）联合反硝化可以使出水总氮浓度小于 10mg/L，如图 1-35 所示。

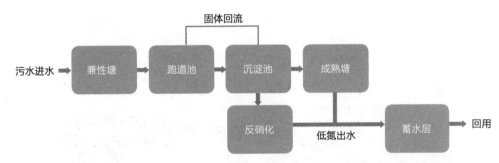

图 1-35　SLO 微藻污水处理试验厂跑道池夜间曝气和反硝化联合作用流程图

RNEW® 技术是 Microbio Engineering 公司和加州理工大学共同研发的一项基于藻类的污水处理技术。该工艺使用开放的、具有桨轮混合的跑道池。对于藻类的大量培养，由于氮磷浓度相对较高，城市污水碳浓度有限，比如：典型的初沉池出水中，碳氮比约为 18：9，而藻类所含的碳氮比是这个比例的 2 倍甚至 5 倍。基于以上事实，在污水中添加二氧化碳能够使藻类生长先经历氮有限阶段再到氮缺乏阶段，从而诱导油脂的合成。如图 1-36 所示。

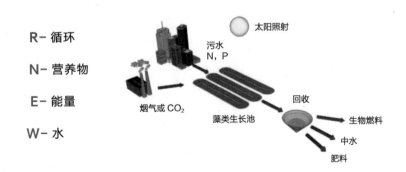

图 1-36　RNEW® 技术应用流程图

（来源：https://microbioengineering.com/new-folder）

2014年，美国加州理工大学和Microbio Engineering公司合作开发了"藻类生物质产量项目"（Algae Biomass Yield Project），主要目的是扩大藻类生物燃料的生产规模。项目选择在美国加州德里镇（Delhi）的藻类污水处理厂进行。该污水处理厂处理近1.2万人口当量的生活污水，建有两个1.4hm²的开放跑道池。进水由两个20英尺（6m）长的桨轮驱动，转动缓慢。二期工程里，该污水处理厂将升级为藻类生物燃料厂，达到美国能源部（DOE）每年每公顷产油6250gal（约23.7m³）的要求。在实际应用中，Delhi污水处理厂的藻类通过混凝沉淀从池中分离出来并进行日光干燥。如图1-37所示。

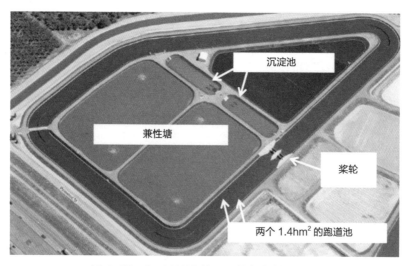

图1-37　Delhi污水处理厂藻类跑道池系统

在处理藻类生物质合成生物燃料的环节，美国太平洋西北国家实验室和加州理工大学联合应用了水热液化（Hydrothermal Liquefaction，简称HTL）技术，类似于"压力锅蒸煮"。如图1-38所示。

还有很多公司致力于基因改造藻类的研究，通过基因工程来提高藻类的生长速度，增加脂质含量，从而改善燃料生产的经济可行性。商业规模藻类养殖用于能源生产的主要制约因素是成本。支持低成本生产的经济环境，海藻及其能源产品转化的专性研究，这可能都是"藻类到能源"企业的商业可行性发展的关键，从而生产丰富的低成

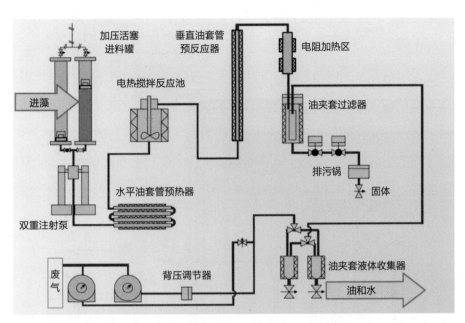

图 1-38　HTL 技术处理藻类生物质合成生物燃料流程图（来源：Cal Poly，2015）

本燃料。总而言之，我们需要的是针对简单低能耗接种和培养生产以及产品提取和转化的经济有效的解决方案。

1.3.5　热回收氨电池

低品位热能是指能量品质低或密度低的能源，一般不被人们重视和利用，获取难度较大。低品位热能在生活中随处可见，例如海水中的热能、地热具有的热能、工厂生产中产生的大量余热废热以及汽车尾气排放的热量等都是低品位热能。

基于有机朗肯循环（Organic Rankine Cycle）原理的余热回收技术已经应用到污水处理厂的 CHP 热电联产的余热回收中，据称在特定条件下还能够满足污水处理厂和厌氧消化系统的能耗要求。

Bruce Logan 教授带领的美国宾夕法尼亚州立大学的研究团队在 2014 年发明了一种新兴的低品位热能回收技术，叫作热回收氨电池（Thermally Regenerated Ammonia-based Batteries，简称 TRABs）。这种热回收氨电池用铜作电极，氨作电解质，将电池中的化学能转化成电能。但与其他类似电池不一样，这款电池中的氨仅用作阳极电解液。这种电池可以持续运行，直到阳极附近的氨液用完或者阴极中的铜离子耗尽为止。

热回收氨电池面临的问题是：如果这些化学反应无法再生以持续供给电能，那这种电池就没有价值了。该研究团队想到以下解决方案：先利用外源低温余热将氨从电池阳极的电解残留液中蒸馏出来，然后注入阴极室，这样原来的阴极室就成为阳极室，原来积累了铜的阳极就成为阴极，这样在阳极室与阴极室之间反复切换氨，从而保持了电极上的铜离子量，让系统得以持续运行。图 1-39 所示为热回收氨电池原理图。

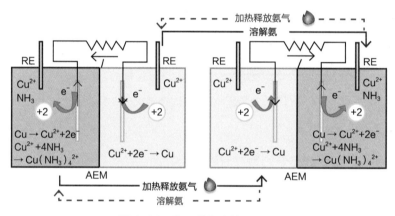

图 1-39　热回收氨电池原理图

该研究团队 2014 年发表的数据称，目前已能产生 $60W/m^2$ 的功率密度，这比其他以液体为主的热 – 电能量转换系统所产生的功率密度高 6 ~ 10 倍。

据称研究人员已通过增加电池的数量来尝试提高功率密度。但这种电池的化学作用仍有待优化，对其反应机理的理解也有待加深。要克服现有技术上的挑战，可能需要 5 ~ 10 年的时间，而实现商业应用则可能需要再花上 5 ~ 10 年的时间。

1.3.6　脂质向生物能源的转化

生物燃料是一种碳中和能源，具有替代化石燃料的潜能。其中，生物柴油是替代化石柴油最具希望的可再生且可生物降解的燃料之一 。与传统的化石柴油相比，生物柴油毒性较小，存储安全，具有优异的润滑性，并能产生类柴油的能量密度，燃烧起来也更为清洁。从化学角度看，生物柴油又名脂肪酸甲酯（简称FAMEs）由动植物油脂（脂肪酸甘油三酯）与醇类（甲醇或乙醇）经酯交换反应得到。

脂质是甘油三酯、甘油二酯、甘油单酯、胆固醇、游离脂肪酸、磷脂、鞘脂等的天然混合物。市政污水污泥含有非常可观的脂质组分，其含量能达到总有机物的40%，主要是一些复合有机混合物（特征物质包括油类、油脂、脂肪以及长链脂肪酸），其来自污泥中废弃物对脂质的直接吸附、微生物细胞膜的磷脂以及其细胞代谢产物和裂解副产物。因此，污水污泥是生物柴油生产的潜在原料之一。此外，使用污泥作为原料也是解决污水处理过程中产生过剩污泥的可行方法。未经处理的初级污泥的脂质含量在20%～26%之间，活性污泥的脂质含量从2%到54%不等。

值得注意的是，活性污泥主要由异养微生物组成，它们可以利用污水中的有机物质来生长或者作为能量和碳源的储存化合物，主要是一些脂质体，如三酰基甘油（以下简称TAG）、蜡脂或聚羟基脂肪酸。研究表明，污水中的脂肪酸主要在C14～C18之间，是生产生物柴油的理想碳链长。众所周知，微生物的培养条件能够影响微生物细胞间脂质的浓度和组成。就这点而言，污泥已被证明是广泛利用廉价碳源和营养物质的产油微生物进行TAG生物合成的适宜接种物。美国密西西比州立大学的Mondala教授等人能够通过化学酯交换从初级污泥和二级污泥中生产FAMEs。依据他们的方法，他们估计单位质量干污泥能产生10%的FAMEs，成本约为3.23美元/gal（约0.2欧元/L），低于目前化石柴油的消费价格。

生物柴油的生产全过程如图1-40所示。为了避免对生物柴油合成的干扰，脂质常通过有机溶剂从污泥中提取出来。污水污泥的脂质提取是通过废弃物生产生物柴油的第一步。因此，脂质

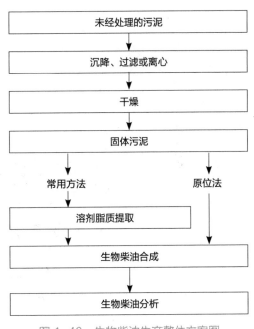

图1-40　生物柴油生产整体方案图

提取的优化过程是首要面临的挑战，将会影响整个过程的经济性。从未经处理的原料污泥中提取脂质需要大量的有机溶剂和大量的搅拌加热系统。经过脱水的浓缩污泥黏性强，阻碍了脂质的提取过程。原料污泥的预处理可显著影响脂质提取过程，从而影响生物柴油的产量。目前，从原料污泥中提取脂质已被证实是可行的，因此可以去除昂贵的污泥干燥环节，从而降低生物柴油的整体生产成本。

2017年5月，"To-Syn-Fuel"项目在荷兰的鹿特丹市开发建立了一个示范工厂，旨在从污水污泥中合成生物燃料和绿色氢气。该项目由欧盟新的研究和创新计划"Horizon 2020"资助，并获得了德国弗劳恩霍夫环境安全和能源技术研究所（UMSICHT）的协调支持。其新的TCR®技术可以为欧盟的需求提供解决方案——从废弃生物质中生产液体燃料，可替代传统的化石燃料。这些燃料符合汽油和柴油欧洲标准EN228和EN590，已经在中试规模中得以验证和展示。TCR®技术可将各种残留生物质转化为3种主要产品：富含氢气的合成气、生物炭和液体生物油。通过高压加氢脱氧和常规精炼方法，在蒸馏中产生产油或汽油当量，可直接用于内燃机。"To-Syn-Fuel"项目正努力验证TCR®技术的技术有效性和商业有效性。"To-Syn-Fuel"项目声称，整个欧洲如果可以建造100个这样的工厂，将可以避免相当于每年500万人的温室气体排放，并将数百万吨有机废物从垃圾填埋场转移到可持续的生物燃料生产当中。"To-Syn-Fuel"项目技术过程概要如图1-41所示；"To-Syn-Fuel"项目示范如图1-42所示。

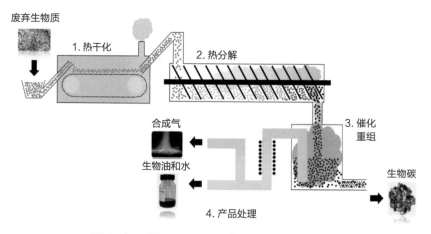

图1-41 "To-Syn-Fuel"项目技术过程概要

图 1-42 "To-Syn-Fuel" 项目示范

　　除了初级污泥和二级污泥外，消化污泥——也就是初级污泥和活性污泥经过厌氧消化过程处理之后的混合污泥，也被当作生物柴油生产的潜在原料。2011 年，美国哥伦比亚大学的 Kartik Chandran 教授获得盖茨基金会 150 万美元的资助，在加纳阿克拉开展"下一代城市卫生设施"的项目研究。该设施能够将粪便污泥中的有机化合物转化为生物柴油和甲烷（两种能源）。Kartik 教授在加纳库玛西建立了一个中试运行装置，通过厌氧发酵将有机废物（粪便）转化为挥发性脂肪酸（VFA），再将 VFA 转化为脂质，最后提炼成生物柴油，如图 1-43 所示。

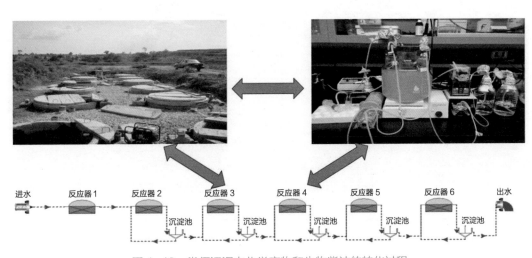

图 1-43　粪便污泥向化学产物和生物柴油的转化过程

生物柴油还可以通过藻类来制取。微藻体积小、质量轻，获取大量的微藻存在一定的难度，目前比较常见的获取方式包括：絮凝、离心、过滤、浮选等。现有的脂质提取技术源自含油作物提炼油脂的传统方法，包括在脂质提取前要先进行浓缩脱水的步骤，成本高、效率低。种种因素限制了微藻生物燃料的工业化生产。为解决这个问题，直接从湿微藻生物质中提取脂质成为了现在研究脂质提取的热门方向。微藻生产生物燃料的过程如图 1-44 所示。

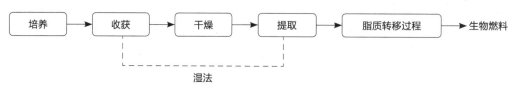

图 1-44　微藻生产生物燃料的过程

微藻培养提取脂质生产生物燃料的未来任务之一就是发展安全低成本的机械（无溶剂）油脂回收技术，且能够大规模应用，形成连续的微藻脂质提取/回收生产过程。目前最具有发展前景的是机械破裂法，如图 1-45 所示。

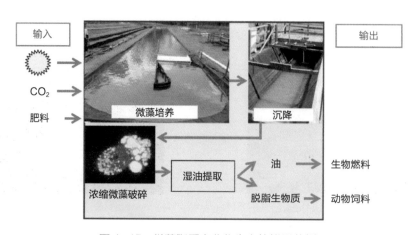

图 1-45　微藻脂质产业化生产的拟设范例

尽管微藻脂质作为生物燃料具有极大的潜能，但是目前并没有大规模的商业应用，主要是由于生产成本高，无法与传统的化石燃料产业抗衡。生物燃料的原料成本是阻碍其应用和发展的绊脚石。为达到大规模应用及低成本培养的目的，未来微藻培养技术的发展方向如图 1-46 所示。

图 1-46　未来微藻培养技术的发展方向

生物柴油由于环境效益及其可再生性而极具吸引力。然而，其成本之高确实成为一个不容忽视的问题。城市污水污泥生产生物柴油可以显著降低成本。超过 99% 的提取溶剂是可回收的。市政污水初级污泥和二级污泥生产生物柴油的成本预计在 3.11 ~ 3.23 美元 /gal 之间（见表 1-6）。

污泥生产生物柴油成本预估　　　　　　　　　　　表 1-6

项目	成本（美元 /gal）
离心（含运行维护）	0.43
干化（含运行维护）	1.29
提取	0.34
生物柴油加工	0.60
人工	0.10
保险	0.03
税费	0.02
折旧	0.12
资本保障赔偿服务	0.18
总成本	3.11

注：假设酯交换反应产率为 7%。

然而，从城市污水污泥中提取脂质来合成生物柴油对于实现其商业化构成很大的挑战，主要体现在以下几个方面：（1）用于高效脂质提取的原料污泥预处理；（2）污泥的脂质提取过程；（3）从固体污泥中生产生物柴油的方法；（4）生物柴油的质量；（5）过程经济和安全。因此，为了获取城市污水污泥生产生物柴油的最佳方法并使其具有高度的经济效益，一些广泛的研究工作仍然迫在眉睫。除了基本的过程方法以外，了解并熟知微生物脂质合成与积累过程中的基因功能对于从污水以及其他富脂原料中提取并大规模生产生物燃料也是极为关键的。

1.4　技术综合评估

总地来说，对污水技术的评估应该考虑以下因素：

（1）能效与现有技术相比是否有数量级的飞越；

（2）生命周期成本；

（3）可管理的安全性和运行风险；

（4）对环境的互利性，例如出水质量、减少温室气体排放和化学品使用等。

在美国水环境研究基金会（WERF）、国际水协会（IWA）以及纽约州能源研发署（NYSERDA）联合发布的《面向未来减耗的技术进展评估报告（Assessment of Technology Advancements for Future Energy Reduction）》中曾对其介绍的专项技术领域进行了综合评估。评估的标准包括技术成熟度、能耗影响和经济效益等。

1.4.1　技术成熟度

表1-7和图1-47是对各项技术的成熟度的综合比较，考虑因素包括取得进展的时间节点估计、能量影响的大小和投入到现有污水处理厂的预期可行性等。报告的评估专家认为主流短程脱氮及污泥的热裂解和气化是所评估的技术里最成熟的，而且施工建造期也相对较短，因此这两项新技术最有可能在近期实现工程化应用。

各技术成熟度分析　　　　表 1-7

技术成熟度指数	成熟度描述	技术名称
1 ~ 3	1. 基础研究； 2. 关键功能测试	热回收氨电池（TRABs）
		厌氧产氢技术
		微生物燃料电池（MFCs）
4 ~ 6	1. 实验室测试； 2. 原型开发	CANDO 技术
		从污泥中回收高级碳氢化合物
		从沼气和沼渣中回收高级碳氢化合物
		主流短程脱氮（厌氧氨氧化）
7 ~ 9	1. 中试系统； 2. 商业设计； 3. 产品部署	主流厌氧技术
		污泥的热解和气化
		超临界水氧化法（污泥处理）
		好氧颗粒污泥工艺
现成技术 的新改进	已有技术的改进	沼气提纯
		厌氧消化的预处理工艺
		强化厌氧消化中的甲烷产量
		厨余协同消化

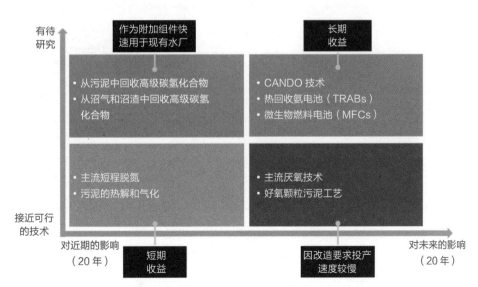

图 1-47　基于技术成熟度和实施时间的技术优先级划分

1.4.2 技术成熟度与能耗影响对比

除了技术成熟度之外，能耗也是专家对这些技术对行业影响力的重要考量。评估采用了"能耗影响的复合指标"来反映技术的适应性、生产规模和节能减排量。需要提醒的是，它并不是对能量节省量的精确评估，而是一个综合估算指数。

在此基础上，专家对各项技术的成熟度和能耗影响进行了比较分析，结果如图 1-48 所示，主流短程脱氮（例如主流厌氧氨氧化工艺）和主流厌氧技术最有可能会在近期对污水处理行业的节能减排产生深远的影响。

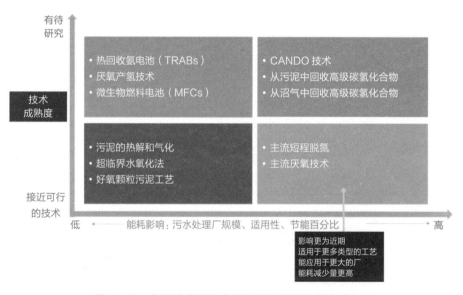

图 1-48　各项技术的技术成熟度与能耗影响的对比

1.4.3 经济和能量效益

专家们考量的最后一项指标是经济和能量效益，分别对新技术的经济适用性和能量效益两方面进行评估。污水处理厂的寿命一般都较长，新建项目不会那么容易地得到频繁开展，因此在应用新技术的时候需要将实施时机考虑在内。同时专家们也指出对一项技术的能量效益的评估，应该是基于其对整个污水处理厂节能的效果进行，而不是仅仅与现有常用工艺进行对比。另外专家们也承认，若不考虑对其他污水资源回收工厂在运行和脱氮除磷方面的要求，只对单一工艺的能源影响进行估算其实是很难的。两项分析结果详情见表1-8和表1-9。

各项技术的经济适用性评估　　　　　　　　　　　　　　　　　　　　表1-8

经济效益	概述
对现有污水处理厂做改造的经济效益性较高	主流短程脱氮
适用于新建项目或者运行期满的老厂	1. 主流厌氧技术； 2. 好氧颗粒污泥工艺； 3. 污泥的热解和气化； 4. 超临界水氧化法； 5. 微生物燃料电池（MFCs）； 6.CANDO 技术； 7. 热回收氨电池（TRABs）
很难实现商业价值	1. 从污泥中回收高级碳氢化合物； 2. 从沼气和沼渣中回收高级碳氢化合物

各项技术的能量效益评估　　　　　　　　　　　　　　　　　　　　表1-9

能量效益	概述
能耗减少 <10%	CANDO 技术
能耗减少 10% ~ 25%	1. 热回收氨电池（TRABs）； 2. 超临界水氧化法； 3. 从污泥中回收高级碳氢化合物； 4. 好氧颗粒污泥工艺； 5. 污泥的热解和气化； 6. 从沼气和沼渣中回收高级碳氢化合物； 7. 强化厌氧消化中的甲烷产量
能耗减少 25% ~ 50%	1. 主流短程脱氮； 2. 微生物燃料电池（MFCs）
能耗减少 >50%	主流厌氧技术

第2章　创新管理理念与经营模式

污水处理除了工艺技术的发展之外，管理理念和经营模式的创新也扮演着重要的角色。一方面我们需要不断学习创新理念："能源与水"的互馈机制（energy-water nexus）促使我们重新审视两者在污水处理中相辅相成的关系；仪表控制自动化技术（Instrumentation Control and Automation，简称ICA）能帮助我们更好地收集污水处理的数据，结合生命周期分析（Life-cycle Assessment，简称LCA）等分析工具，污水处理行业也正在大步走进智慧水务的大数据时代。另一方面我们也要探索因地制宜的经营和管理模式，例如政府、水务公司在各自职能上如何创新突破，未来的污水处理厂又应该具备哪些元素？通过本章节的一些案例分享，希望能启发读者更加多维的思考。

2.1　水处理系统中的能源管理

水与能源相互交织，密不可分。水处理需要消耗能源，能源生产也需要水。污水回用已经成为世界各地众多污水处理厂的首要任务之一。了解污水处理厂的能耗现状以及运用先进技术回收污水中的能量，是污水处理厂实现水回用高效能耗管理需要落实的关键措施。在过去，水与能源被分开来规划、设计和管理，但面向未来的水智慧城市，应该采用更加可持续的管理方式，统筹水和能源的关联，优化水系统能源消耗的同时，也能最大程度地从水系统中回收能源。

1. 水处理需要的能源

水传输或处理技术所需的能耗的最低标准（或可接受水平）为 $0.05 \sim 5kWh/m^3$，具体数值的大小取决于处理水的种类（淡水、海水或污水）以及特定的地域参数，例如气候、供水状况、用水量和人口密度等。图2-1显示了城市水循环与处理过程的各主要方面在不同地区的单位能耗对比。饮用水和污水处理设施的能耗大致在

0.2kWh/m³ 到 1.4 ~ 1.5kWh/m³ 的范围内波动，其具体数值取决于取水扬程、水处理工艺流程和处理规模。输水设施所消耗的能量可达 1.1kWh/m³，并且在一些特殊情形下（如长距离运输）可能消耗更多的能量。"加州水资源项目"就是一个典型范例，耗能达 2.5 kWh/m³。

图 2-1　水循环管理流程的主要因素和代表性的能量足迹

脱氮除磷和污水再利用处理工艺需要消耗更多的能量。然而，同海水淡化和水资源长距离运输相比，污水再利用仍是更为节省成本和能源的方法之一。美国加州奥兰治县的"地下水补给系统"工程是深度水资源再生工厂节能减耗的代表，处理规模为 37.9 万 m³/d，它只需较低的能耗（即 0.53kWh/m³）来生产符合当地饮用水标准的循环水。以色列阿什克伦的一座海水淡化厂已经算是海水淡化低能耗的杰出案例，其处理规模为 39.6 万 m³/d，平均能耗为 2.9kWh/m³。上述两家水厂的日处理能力很相近，但再生水系统的能耗只是海水淡化的 1/5。

高效反渗透膜和能源回收装置的使用已使大型海水淡化厂的单位能耗降至 2.5 ~ 3.5kWh/m³，但海水淡化的能耗仍高于其他供水方式。

采用厌氧消化工艺的能源优化型污水处理厂不仅可以将能耗进一步降至 0.35kWh/m³，同时还可以回收电能，实现能源自给，处理量约 22 万人口当量的奥地利 Strass 污水处理厂就是其中的代表，该厂在 2006 年已经实现了 108% 的能耗自给。

2. 迈向正能量的污水处理

污水处理厂有望为未来生态城市提供能源。此处应强调的是，利用污水处理过程中回收的能源来满足污水处理设施的能源需求不应被看作一个目标，而应被看成综合了各地特色及环境、社会和经济因素的全球水资源管理战略的一部分。改善污水水质应是首要目标，树立正确的目标后，要选择最实用的方法和技术来提高能源使用效率，优化污水利用方式以更好地生产和回收能源。创新的能源回收技术必须更经济、可靠、易使用且对水质或环境无不良影响，才能更具吸引力。

对现行水资源管理方法的分析显示，利用污水处理实现能源自给切实可行。不过，对现有污水处理厂而言，欲实现这一目标还需要长期的优化过程、相对较高的投资以及在更具能效的新设备上使用创新技术。

为实现"正能量的污水处理"目标，苏伊士环境集团曾提出将污水处理厂的能效改善工作分成 4 大板块，如图 2-2 所示，包括节约能源、污水中的能源、污泥中的能源和可再生能源。早在 20 世纪 90 年代初期，欧洲（奥地利、法国、德国、瑞士和瑞典）就已实行了能源优化的强大标准项目和指导方针，证明了能源优化利用的巨大潜力，当前污水处理厂能源利用率可提升 20% ~ 50%。澳大利亚、美国和加拿大也启用了类似的能源节约项目。欧洲的一些污水处理厂也因实施上述能源优化方案实现了高效利用能源和能源自给自足的目标。

节约能源 10% ~ 20%（曝气过程中良好的气泡控制，能源节约型发动机和机泵）	可再生能源 5% ~ 10%（风能、光电、太阳热能、地热能）
污水中的能源 2% ~ 10%（水力涡轮机、蒸汽泵、污水管内热交换器）	污泥中的能源 40% → 60% ~ 80%（厌氧污泥分解，预处理污泥以提高其分解性能）

图 2-2 "正能量污水处理厂"主要构成，可提高污水处理能效的区域

如今，奥地利的两个市级污水处理厂实现了能源自给，包括 Strass 污水处理厂（人口当量 22 万，见图 2-3）和 Wolfgangsee-Ischl 污水处理厂（人口当量 5 万）。这两座污水处理厂实行脱氮除磷和能源优化工作已有近 20 年的历史。它们的能源优化方式主要包括曝气优化控制、从初沉池中回收更多的污泥、为厌氧消化提供更多的有机物质、优化中温条件下厌氧污泥反应器的性能、提高热电联产效能以及进行自养脱氮处理等。

目前介绍新型能源自给污水处理厂的设计和运营信息的文献较少，约旦的 As Samra 污水处理厂（见图 2-4）是少数有公开数据的案例代表。自 2008 年试运行能源自给方案以来，As Samra 污水处理厂能量自给率超过 90%，成为行业能源自给的表率。该污水处理厂人口当量达 220 万，每天为约旦首都安曼及其周围居民处理 26.7 万 m³ 的污水，并为农业提供了优质再生水。

图 2-3　奥地利 Strass 污水处理厂　　　　图 2-4　约旦 As Samra 污水处理厂

该污水处理厂应用活性污泥法脱氮，用氯杀菌消毒，对混合污泥进行除味处理和厌氧消化，并且利用水轮机和沼气驱动的热电联产等先进技术满足其能源需求（需求的 85%～95%）。这就意味着每人口当量的能源消耗为 21.3kWh/ 年（按每人口当量 110gCOD/d 计算），稍高于奥地利 Strass 污水处理厂的 19.9kWh/ 年，但是 As Samra 污水处理厂设有杀菌除味设施。

As Samra 污水处理厂从污水中回收能量的做法旨在回收污水中的潜在能源。然而，采用这种方式获取的能源数量相对有限，并且取决于各地不同的情况，特别是当地的高差和水量大小。污水中有机物质所含的化学结合能量是最具回收潜力的能源形式。这里，能量平衡的状况取决于污水的有机物浓度、该国具体的人均用水量、污水管网类型、工业污水的比例和种类及其他地域特点。

而在美国的威斯康星州，一项被称作"关注能源（Focus on Energy）"的计划于大约十年前启动，目的是使得这个位于中西部的州实现能源独立。威斯康星州"关注能源"计划中水和废水小组专业工程师与威斯康星州的污水处理厂合作开发更节能的处理工艺。该计划确立和资助的大部分能效改进方案都涉及生物处理系统中的曝气系统——扩散系统的改进、鼓风机规格的缩小、溶解氧的控制等；另外也包括沼气的生产和利用工艺中的系统改进。

"关注能源"计划帮助威斯康星州 Sheboygan 污水处理厂改用变频器、小型电机和鼓风机以及微孔曝气，将其能耗和电费降低了 50% 以上。污泥消化沼气的增加甚至节省了更多的天然气成本，因为沼气驱动的微型燃气轮机所产生的电量大约是工厂耗电量的 1/3。回收的热量被用于消化过程和建筑供热。消化池的热水回路也与建筑物的供热系统连接在一起。

在美国加州，能源和水的联系非常密切，水系统的能耗约占全州总能耗的 20%。加州能源委员会正帮助该州在 2020 年之前达到下列目标：人均用水量减少 20%、可再生能源增长 33%、温室气体排放量降低 30%。他们主张通过"荷载管理"——在用电峰值时段使用较少的能量，而在用电谷值时段（此时电力价格较低）使用较多的能量来控制污水处理厂的能耗成本。加州还制定了一项新的法律，要求污水处理厂计算其碳足迹，并设定了排放限值。除加州之外美国至少还有两个州也制定了类似的规范。美国水环境研究基金会（WERF）正在收集关于污水处理厂内甲烷和氮氧化物排放量的新数据，正在努力促进相关法律的制定。

3. 结语

从当前城市水资源管理系统的结构中可以看出，人们消耗了大量的水和能源，且大量的营养物质没有得到有效利用。在过去，水与能源被分开来管理，但对于"未来污水处理厂"乃至"未来城市"而言，整个水循环系统应采用可持续的管理方式，在限制能源消耗的同时最大程度地回收能源。

在污水处理系统的末端环节，优化能源回收和水的回用。污水不仅应被看作是一种实现水再利用的潜在替代性水资源，还应被视为是一种富含营养物质和有机成分的潜在能源来源。

也可以从"城市新陈代谢"这一概念入手来考虑优化水与资源的关系。"城市新陈代谢"认为城市是一个有生命的系统，具有吸收和排泄功能。作为一个生命体，体内循环至关重要。有了循环功能，它才能在排出体内的有毒残留物（传统污染物和新出现的污染物）之前从摄入的物质中（食物、能源、水和营养物质）最大化地获取能量。此外，引进双循环混合系统可以更好地进行源头分类、热量回收和沼气生产。

2.2 仪器控制与自动化

自 20 世纪 70 年代以来，仪器控制与自动化（ICA）一直是国际水行业的一个焦点话题。在 ICA 方面，全球水行业的经验是非常广泛和多层次的。它包括了下水道管网、污水处理厂和自来水厂及其供水网络的监控。ICA 为满足当今饮用水和污水处理的需求提供了监测和控制的工具。图 2-5 所示为污水处理厂随处可见的仪表设备。

图 2-5 污水处理厂随处可见的仪表设备

ICA 在电子工程和化工行业已经非常普遍，对于工业和市政领域的客户来说，ICA 已变得越来越常见。当它运行成功的时候，ICA 是一种看不见的技术。尽管它看不见，但它给水务部门提供了全新层面的管理方式。它不仅仅是信息和通信工程这么简单，它包括了：

（1）了解工艺的动态；

（2）传感器和仪器的配套；

（3）数据收集、自动测量记录传导和通信；

（4）数据和信息的管理；

（5）工艺控制和自动化；

（6）数据分析的结果为决策提供支持；

（7）更积极主动的原点信息处理；

（8）建模分析。

ICA技术的发展需要5个方面的支撑：一是仪器化的发展，特别是测量仪器本身的进步与发展；二是执行机构的发展，所谓执行机构是指利用变频器或变频泵等进行控制的机械单元，其控制计算能力非常快；三是模型的发展，主要指系统的动态模型，借此可以更好地理解工艺；四是教育的发展，通过培养操作人员、工程师等，使他们掌握ICA原理和技术，从而推动ICA技术不断发展；五是不断提高污水处理工艺设计的灵活性。这5个条件缺一不可，并决定了未来ICA技术发展的高度。

在水处理领域应用ICA技术，为的是满足3个层次的需求：第一个层次是保证系统能够正常运行，特别是机械部分（如泵、电机、阀门等）能稳定正常工作。第二个层次是使出水水质能够在所有（或要求）的时间段内都能达到排放标准。第三个层次是成本最小化，并使工艺处理效率最高。第三个层次是建立在前两个层次之上的。如果工艺不能正常运行，就不可能达标排放，也无法实现更低的处理成本和更高的处理效率。ICA技术对这3个层次的要求都有对应的解决方案，分别是设备ICA、单元工艺ICA和全系统ICA。

所以说，ICA的终极目标不仅是让出水达标排放，而且是更加高效地实现出水达标，平衡投资和运行的费用、稳定性、质量等因素，用合适的技术实现最优化运行。物联网技术的出现和数据爆发式的增长，使我们在ICA领域面临了更大的挑战。

未来污水处理厂需要发展更多有效的工具和技术，不再采用单一的水处理模式来解决所有的需求。比如，灌溉用水、电厂冷却用水以及洗涤用水等对水质的要求不同，水资源供给模式和水处理技术也应该不同。

未来污水处理系统应用的传感器将显著增加，也会开发和应用更多不同类型的工艺和处理技术。传感器的数量可能会从现在的几十个发展到上千个，传感器也将变得更加便宜。传感器的发展会带来大量的数据和有用的信息，从而催生出行业内新的应用和服务模式。

1. 趋势与挑战

将自来水业务和污水处理有机整合，实现水圈的完整循环，让水从自然中来回到自然中去，是全球水行业当今的一个重要愿景。这个一体化系统应该将焦点放在其智能性上，使其具备快速收集和分析数据的能力，为对未来的预判洞察提供信息和知识。尽管这个愿景还没有成为现实，但是已经取得了一定的进展。要想早日实现一体化的智能系统，水务部门需要在观念上做出改变：水务局的信息部门不应该只是其单位的一个"亮点"，而应该是整个系统的核心和大脑。这个认知应该得到更多的关注和认同。水行业正迎来一次加快应用智能技术的机遇，但在这些机遇面前，我们也面临着以下4个主要的挑战：

（1）网络安全

随着互联网和物联网（IoT）技术的发展，网络安全问题在水处理行业也越发受到关注。PLCs 和 SCADA 系统跟网络的连接，增加了对产品质量和处理设施造成损坏的风险。WiFi、蓝牙、GSM/GPRS 和 5G 通信工具的加入增加了系统的复杂度，这使得网络安全变成了 ICA 的一个专门的细分领域。CISCO 公司估计到 2020 年，全球的联网设备将高达 500 亿个，如何保护客户的数据隐私会日渐成为 ICA 的重要课题。

（2）遥感通信

目前水处理行业有不同的通信协议，这种选择的多样性其实是另一种挑战。目前可行的协议包括传统的 4 ~ 20mA 模拟信号以及 HART、Profibus、Fieldbus、Ethernet、GSM、Radio、DNP3 和 WITS 等。不同水务局将使用不同协议收集的数据流作整合和标准化不是一件容易的事情。常见的问题包括互用性、设计的挑战和整体成本的上涨。这个问题比较复杂，视具体项目而定，这些问题都不是短期能解决的。

（3）仪器规格和安装

ICA 仪器的安装应被视作工程项目的一部分得到更多的重视和考虑，这样能更好地选购和安装仪器，费用更低，且能更好地运行。另外一个问题就是仪器的国际规格标准的缺失。

（4）技能培训

工程师和技术人员的短缺是个全球问题，在水处理行业也是如此。很多项目现在并没有专门的 ICA 工程师的参与，这导致了仪器设备的选购不当，最终可能导致系统表现不及预期。另外，数据工程师也是需要配备的人才储备。给污水处理厂的运行人员提供专门培训有助于解决这些工艺上出现的问题。

2. 污水处理方面的挑战

除了上述普遍性的问题之外，排放标准的变化是 ICA 在污水处理领域面临的另外一个问题，尤其是在欧洲地区，特别是 BOD、磷、重金属以及 POPs 等微量污染物的监测。这些标准的提高对目前的在线监测技术提出了新的挑战。

因此有必要采用基于生物技术的自动化监测方法，例如开发不同工艺阶段的微生物数据库，其中一个例子是全球污水和饮用水微生物组数据库（Global Wastewater and Water Microbiome database）。用户能调用数据库信息，根据检验出的过度增长的指示微生物的信息，分析出对应的运行问题，计算机甚至能够自动更正运行条件。其实这样的先进传感器在医学行业已经有应用了，水处理行业也是时候引进了。

3. 污水管网系统控制的挑战

污水行业自动化应该考虑整个污水处理系统，不仅仅包含污水处理厂，还包含管网和受纳水体。需要这样系统考虑的原因在于：一是能够更有效地利用能源，提高能源利用效率；二是更好地确定碳源的使用情况；三是将活性污泥系统的污泥产量与需要的产气量关联起来；四是控制进水负荷并确定扰动方法和策略；最后要尽量减少对受纳水体的影响，这也是污水处理的终极目标。

美国的克利夫兰早在 20 世纪 70 年代就开始最早的管网控制系统的开发探索，目前很多国家都开始使用先进的模型和运行系统来控制污水管网，丹麦是其中的佼佼者。但这方面的问题依然很多，其中最突出的是：

（1）降雨方面的水量；

（2）更适合系统控制的模型的研发；

（3）开发基于仪器的网络系统，并且能对其监测方法的不确定性进行更正；

（4）开发整合污水管网和污水处理系统的控制策略；

（5）使用先进的监测技术来实现雨污分流或者自动辨识浓度轻重决定分流与否的系统。

4. M-A-D 理念

智慧水务是近几年来 ICA 领域的专家积极推广的理念。通过在线水质和水量传感器，智能水务管理系统能确保水务公司或水务局实现各层级系统性的、智能化的决策过程——覆盖从进水到出水的完整水循环，旨在以最少的能源和材料消耗，确保水质和水量的充足供应。

一个水务局或者水务公司的管理和运行系统要做到什么程度才算是智慧水务呢？这或许是一个永无止境的工作。目前也没有什么最低要求或衡量标准。在这样的背景下，ICA 的专家 Gustaf Olsson 教授提出了 M-A-D 理念来促进智慧水务的发展。M-A-D 分指 measure（测量）、analyse（分析）、decide（决策），这是一个智慧水务系统的过程监测的指示系统的 3 个主要组成部分。

测量（measure/measurement）的发展需要回答的不仅仅是"需要安装多少个传感器"这样的问题，而是要思考"你的水务系统是否已经将重要的传感器安装妥当"之类的问题。测量（此处称为 M- 指示因子）是第一个需要提高的环节，因为它贯穿整个智慧水务系统，是后续两个组成运作的前提条件，只有从系统中提取真实可靠的信息，我们才能做出后续的分析与决策。

分析（analyse/analysis）工作（此处称为 A- 指示因子）不会自动开展，将传感器数据转化成有用的东西需要大量的专注投入。比较意外的是，许多水务公司装好了传感器之后就再没找供应商寻求咨询服务。要传感器发挥作用，需要让它们适得其所，这需要传感器顾问专家的协助。如果没有他们定期的咨询，则从传感器得到的信息是不可靠的，因为它们没有得到校对和验证。 这样会导致运行人员无法体会这些传感器产生的作用。要真正从传感器数据中获取价值，需要水务公司的团队自身具备特定的能力。这些能力需要从内部开发培养或者开设新职位通过招聘获得。这个工作是运用各种方法和知识去解析数据。这方面的系统软件也越来越多，这能够帮助中等专业教育水平的人执行具体的工作。

虽然对专业知识的要求不像 A- 指示因子那么高，但搭建基于智能技术的决策系统（D- 指示因子）也还是需要积累，这种积累主要是 A- 指示因子需要达到特定阈值，接下来便是基于信息流的规划和组织问题。在其他行业，这些信息流正逐渐变成各层面的管理工具的中心。

如图 2-6 所示，M、A、D 三个参考指示因子预计在未来几年到几十年的时间里，以平行的 S 曲线的形式增长。在增长的过程中，智慧水务系统将要求更多的信息输入来维持其发展，直到大多数问题得到解决之后才会进入平缓的发展期。

M- 测量
测量很大程度上就是将传感器的应用贯行于整个水务系统。如果没有条件施行在线传感器，起码也要收集实验室数据或者人为观测的数据。传感器网络的部署，要基于自身水务公司的业务情况，需要思考这些数据如何支持各层面的决策工作。这包括了短期决策（例如工艺自动化的传感器安装）以及长期决策（例如新污水处理厂、管网的规划和建造等）。

A- 分析
仅仅获得测量数据是不够的，我们需要对它们进行积极的处理来创造价值。分析是从传感器的投资中获得回报的前提。意外的是，这往往是水务公司或者水务局最弱的一环所在。传感器的安装在很多地区和水务公司已经成了标配，但获取数据并将其转化成决策的基础信息却难得多。各种挑战在于如何才能容易地获取数据，如何解析这些数字，或者是需要对哪些数据进行分析来提供有效和有用的答案。定义问题本身就是很重要的步骤，而不是琐碎易事。水务公司需要找到适合自身情况的分析方法，并用于解决实际问题。

D- 决策
测量和分析工作都是为建立良好且强大的决策机制服务的，因为这能为水务公司的长期发展创造价值。在数据分析过程中，我们可能会发现很多有趣的信息。但要从这些发现中获取价值，则需要有人基于分析结果做出决策。问题是管理者往往并不会花很多时间来做一些决定。然而，决策本身是需要花费时间和精力的。所谓磨刀不误砍柴工，如果做出了一个错误的决定，水务公司需要花上更多的时间来纠正自己造成的过错。当然这不意味着我们要在各种选项之间思量个没完没了。决策前的深思熟虑是需要的，这正是 M-A-D 思想能为管理者带来的新的决策支持理念。

图 2-6 M-A-D 的定义

M-A-D 理念及其应用是一个很好的例子，它给水务公司和水务局的管理者展现了如何可以更好地用信息流对水务系统各环节的问题做出分析决策，它鼓励管理者从一个更高的层次思考问题，并找到解决问题的答案。

5. 总结

伴随着人工智能在各行各业的应用，可以说，ICA 在水处理行业的发展才刚刚开始。我们预测，未来几年 ICA 在水处理方面的主要发展方向（独立于工艺开发）可以总结为以下 4 点：

（1）通信协议的标准化：从传统的 4-20mA 的模拟信号转移到以太网，覆盖整个水网，与城市的智能水网整合，实现收集更大规模的数据。

（2）数据管理：随着数据量的增大，我们还需要将数据转化为可用的信息、知识和预测未来的洞察力。这包括了给水务公司和个人使用者的企业数据以及两者间的交互，这意味着技术和公司行政管理的融合。

（3）基于模型的自动化控制：这包括了饮用水和污水系统的分布、收集和处理。

（4）传感器在关键领域的开发：例如用于饮用水质量控制的改良式微生物传感网络系统以及污水处理中的流量和液位控制等，进一步提高数据的质量。

总之，我们要用可持续发展的眼光，从过去单元工艺的视角转变为如今系统化的全局视野，加强工艺专家和控制工程师之间的沟通与理解，用跨学科的思维迎接未来的挑战。

2.3 水务系统的碳平衡经验

在美国加州，水行业的用电量占到了总用电量的 20%，其中一半的电耗用于污水处理。在实现碳平衡的改革路上，加州索诺马县（Sonoma County）曾经面临着选择：将钱投到昂贵的硬件基础设施上，或者与当地电网协商从他们新兴的可再生资源那里获得相对低廉的能源。

索诺马县水务局（Sonoma County Water Agency，SCWA）服务于美国西海岸 60 万人口，十多年前开始自发地转型探索低碳环保的可持续发展方式。当时他们并没有任何来自公共、法律等方面的压力，这次转型最大的亮点不是其执行速度，也不是节省的资金或者当地从中获得的自豪感，而是这是一次 100% 的自发行动。时任加州州长的阿诺德·施瓦辛格才刚刚对全州的碳排放源头进行完调查，水务公司的数据并不那么好看，在碳排放方面暴露了很多问题：加州跟水处理相关的能耗占全州每年电耗的 20%，占天然气消耗的 33%，而柴油的消耗量更多达 333ML。所以时任水务局局长的 Randy Poole 把多位能源专家学者关在他的办公室里，请他们检查分析水务供应链上的能耗节点，探索水行业低碳节能的出路。最终他们想到了一个初始计划和一个新的口号：

Carbon-Free by 2015！这意味着他们要在 2015 年实现碳平衡的目标，不再需要化石燃料来提供相关的水服务，包括供水和污水处理。到了 2015 年，索诺马县水务局宣布他们已经实现了这个目标。他们将各种经验写成了一份题为《加州水处理的清洁能源机遇（Clean Energy Opportunities in California's Water Sector）》的报告，介绍了饮用水和污水处理公司如何在加州的清洁能源转型中扮演重要角色。如图 2-7 所示。

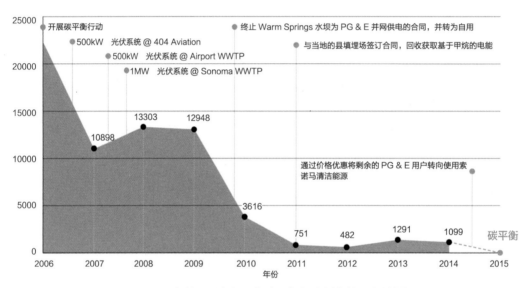

图 2-7　索诺马县水务局为碳平衡行动制定的 9 年计划

索诺马县水务局的副总工程师 Cordel Stillman 先生刚开始是以技术工程师的身份参与这个项目的。所以他立刻去为一个 12MW 的可再生供电项目寻求设计、建造和运行的解决方案，以满足夏季高峰用电的需求。在耗费了 18 个月的时间建好一个 2MW 规模的太阳光伏供电站后，他开始为剩下的 10MW 寻求其他方案。这些替代方案包括厌氧消化、水上浮动太阳能电站、波能、地热、风能等。Stillman 对所有能想到的方案都做了评估分析，不过这些替代方案都无法满足高峰用电的要求，而且无法连续供电、存储量有限、造价也高。这迫使他跳出技术人员的思维，从一个更广的角度思考问题。通过与其他水务局共享能源储备，提前签订批发协议价格，索诺马县水务局最终用更低的成本获得了量更多、供给更可靠的清洁能源。

作为批发商，索诺马县水务局借助它与当地能源和水资源统筹局（Power and

Water Resources Pooling Authority）的会员伙伴关系，与其单独就能源签署了协议。

清洁能源是个相对年轻的市场，资金流转不算频繁，有一定的地区性，而且有时会出现供过于求的情况，因此，索诺马县水务局作为一个早期入场者，有较多谈判筹码与各个能源企业单位协商，建立了适合自己的可再生能源供应组合方式，例如：

（1）从西区能源局（Western Area Power Administration）获得清洁能源，为灌溉区提供冬季供电；

（2）通过隶属索诺马县水务局的 Warm Springs 水坝确保水力发电的能源供应；

（3）从当地的县填埋场获取基于甲烷的电能。

这一系列的清洁能源组合可以满足 SCWA 95% 的能源需求，但最后 5% 的目标是最难攻克的。为了在预算内实现剩下 5% 的非化石燃料目标，SCWA 帮忙开创了一个更宽广的绿色能源的消费者市场。在供应端，他们与加州最大的电力公司太平洋瓦电 PG&E（Pacific Gas & Electric）进行协商，利用他们更低的成本获取清洁能源。在消费端，鼓励终端用户安装新电表改用绿色的"索诺马清洁能源"，虽然这使得水价有所上涨，但他们需要支付的电价是以前 PG&E 供电价的 17%。SCWA 通过差价重新分配资源，实现了多方共赢。

在通往碳平衡的路上，SCWA 有两个意外的成功经验：第一是他们发现长期独家合同能够确保从当地的发电项目中获取稳定的可再生能源供应，另外在能源价格下跌时还可以重新议价，以此控制能源成本；第二是充分利用自身资源，如 SCWA 能够从 Warm Springs 水坝购买和储存水电，然后独家用于己用。Stillman 表示，其实水务公司不少人并不知道身边有很多可以现用的清洁能源，也不知道如何利用需求方的市场份额优势去争取一个长期的优惠价格。这正是索诺马县水务局给其他水务局树立的新标杆。SCWA 取得的成就强有力地验证了清洁能源的商业可行性，展示了水务部门在加州应对气候变化问题上可以担当更重要的作用。

2.4 污泥的城际协同管理

一个地区的水处理不会是一个单独割裂的个体，它必然与邻近地区的水处理相互影响。因此不同城市的水务部门之间的饮用水和污水处理的合作已经在不同国家得到多年的实践，也取得了不同程度的成功。美国密歇根州两个城市间的水务合作就是一个成功的案例，他们的污泥处置合作已有超过十年的时间。

1. 历史背景

2004年，位于密歇根州西部的大急流城（Grand Rapids）和怀俄明（Wyoming）两个城市成立了大峡谷地区污泥管理局（Grand Valley Regional Biosolids Authority），简称GVRBA，并正式签署了相关的组织大纲。第一座联合污泥处理厂于2009年投入运行。尽管2007—2011年的经济危机对该项目造成了严重影响，但两个城市依然信守合作的承诺，并将更多的可持续发展理念应用到项目中。

两座污水处理厂的绝对距离只有5km，两座污水处理厂独立收集并处理各自城市的污水，服务人口约40万人，其出水都排入格兰德河（Grand River），最终流入密歇根湖（Lake Michigan）。

大急流城污水处理厂的设计处理能力为250000m³/d，平均流量约174000m³/d，以活性污泥加生物脱氮作为主要的二级处理工艺。2013年前，污水处理厂使用氯化亚铁作为除磷药剂，所以还没完全实现100%的生物脱氮除磷。如图2-8所示。

怀俄明污水处理厂（Wyoming Clean Water Plant，简称CWP）设计处理能力为98000m³/d，实际平均流量约56000m³/d。处理工艺与大急流城污水处理厂基本相同，但2007年怀俄明污水处理厂进行了升级改造，不再使用滴滤池和氯化铁，如今已经实现了完全的生物脱氮除磷工艺。如图2-9所示。

在大峡谷地区污泥管理局（GVRBA）成立之前，大急流城污水处理厂将二沉池的剩余污泥和初沉池的污泥混合泵至储泥池，经脱水后作填埋处理。脱水和填埋都由第三方承包商进行。怀俄明污水处理厂的初沉池污泥和经过浓缩后的二沉池剩余污泥

图2-8　大急流城污水处理厂鸟瞰图　　图2-9　怀俄明污水处理厂鸟瞰图

混合，经石灰稳定化、存储后作土地利用。土地利用由第三方运营商进行监督。

2. 合作时间表

2001 年：大急流城市对污水处理厂的污泥处置项目进行评估，作为其城市发展计划的一部分。两市主要领导第一次讨论了合作的可能性。

2002—2003 年：两市相关水务部门的管理层、市政府和污水处理厂的运行者成立了项目工作组，就工作如何开展开始具体探讨，并聘请工程顾问公司的博莱克威奇（Black&Veatch）担任顾问。2003 年 4 月，各参与方就项目目的和目标正式签订了合作协议和备忘录，备忘录包括了概念设计的初始构想。2004 年，在 4 月 22 日的地球日，两个城市签署了组织大纲，GVRBA 正式成立。主要目标是要建立一套完整的处理系统，包括厌氧消化、污泥脱水、干化造粒制成 A 级产品，也就是这个项目为人熟知的完整愿景。在 2013 年他们还发布了题为 Vision 2020 的报告，描述了可持续发展的污泥处理项目的目标、价值和评判标准。

2003—2005 年：项目工作组和 B&V 公司一起对概念设计的细节进行了审核并对其他替代方案进行了评估（见表 2-1）。

通过区域合作和各自处理的实现"完整愿景"的项目成本评估对比　　　　　　表 2-1

对比项目	地方性项目	独立项目	大急流城费用（2005 年）	怀俄明费用（2005 年）
资本成本	$112539000	$129582000		
运行维护年费用	$6420000	$6827000		
生命周期				
现值	$188532000	$211229000		
年费用	$15129552	$16949000	$2956624	$1758197
每吨干污泥费用	$568	$636	$194	$206

表 2-1 的评估结果显示通过区域合作实现污泥完全处理的成本更低，每吨干污泥的成本约为 568 美元，但仍远高于每个城市约 200 美元的单位处理成本。所以除了最高愿景之外，项目工作组还对另外 3 个方案进行了对比评估。根据评估结果，他们建议先只对污泥作脱水处理，但保留日后加入其他技术的灵活性。若只对污泥作脱水处理，区域合作和各自处理的项目成本评估见表 2-2。

若只对污泥作脱水处理，区域合作和各自处理的项目成本评估 表 2-2				
对比项目	地方性项目	独立项目	大急流城 费用（2005 年）	怀俄明 费用（2005 年）
资本成本	$25800000	$24000000		
运行维护年费用	$4630000	$4770000		
生命周期				
现值	$86300000	$88900000		
年费用	$6920000	$7130000	$2956624	$1758197
每吨干污泥费用	$249	$256	$194	$206

这次的评估结果却显示分开处理的成本更低。尽管如此，因为两市依然希望能够在日后实现"完整愿景"，并且区域间的合作能争取更多的政府资助，所以他们还是决定走区域合作的道路。

项目从 2005 年开始动工，内容包括了怀俄明污水处理厂的泵房、连接两厂的管道、大急流城污水处理厂的储泥池和脱水设备（见图 2-10），并于 2009 年投产，耗费金额为 3400 万美元。

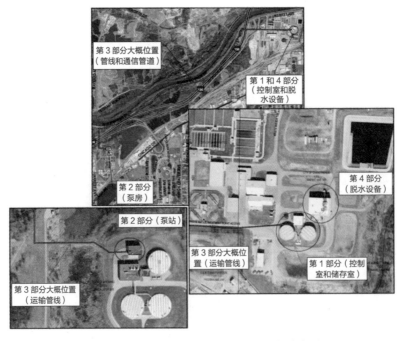

图 2-10 泵站、管道、储泥池和脱水设备的鸟瞰图

3. 组织架构

2009 年，他们制定了污泥联合管理项目协议，总时长为 30 年，每 5 年一续，对参与方相关责任和工艺系统的细节都有明确规定。如图 2-11 所示，GVRBA 由董事会和日常运营团队共同管理，另外还有一个技术顾问组给董事会提供建议。

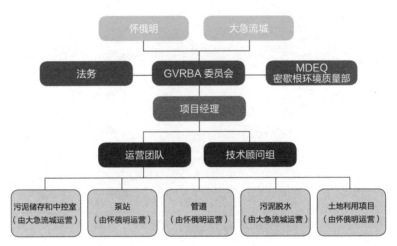

图 2-11　两市污泥处理合作项目组织架构图

4. 处理工艺

目前怀俄明污水处理厂的初始污泥、剩余污泥或浓缩剩余污泥可以混合或者通过管道独立运到 GVRBA 的储泥池。大急流城污水处理厂的初始污泥、剩余污泥、浓缩剩余污泥会运到储泥池跟从怀俄明污水处理厂运来的污泥混合放在初始污泥池或者剩余污泥池里。运行的灵活性使得任何混合的污泥可以送到任一储泥池里。剩余污泥池配有曝气系统，除了搅拌之外，还可防止磷的释出。

根据实际情况，氯化铁可能会被投加到储泥池中用于臭气控制和除磷的目的。

储泥池的污泥会被运到搅拌池，经机械混合后送至 3 个平行离心机，并通过投加乳状聚合物辅助脱水。然后通过螺旋供料器和螺杆泵将泥饼运至滑架料仓。料仓里的固体会被外运进行填埋。湿井的浓缩液回流到污水处理厂的进水端口。臭气通过 3 个碳吸附单元控制。目前的脱水设备由大急流城污水处理厂的工人运行，外运和填埋则由外面的承包商负责。整个工艺总览如图 2-12 所示。

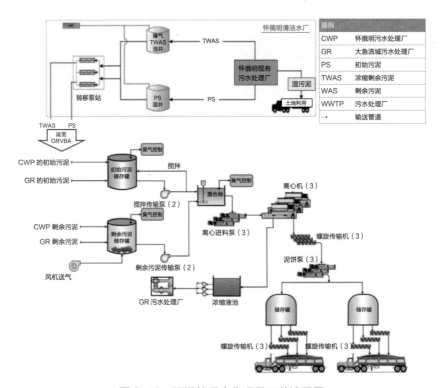

图 2-12 污泥处理合作项目工艺流程图

污泥的土地利用只在怀俄明污水处理厂进行。污泥经过长期储存和杀菌消毒符合法规后喷射到 12500hm² 的土地中，另外有 14000hm² 作备用。

目前大急流城污水处理厂的所有污泥都经过脱水处理，然后运到当地 3 个填埋场进行填埋，并回收沼气。而怀俄明污水处理厂 25% 的污泥会作脱水处理，一般在每年的 1 ~ 3 月和 7 月，因为这些时间场地状况较差，无法进行土地利用。余下的 75% 经过石灰稳定化处理后喷射到农田中。

项目设计由 B&V 在 2005—2006 年完成，于 2006—2009 年建造，2010 年开始投产，总成本为 3400 万美元。

5. 项目利益和机遇

GVRBA 的发展是重要的事业。经过 10 年的发展（包括 5 年的运行），我们已经看到它的一些利与弊。两个城市都从中得到了一些好处，但也经历了合作带来的一些制约。他们对此作了以下总结：

联合项目的优点包括：

（1）项目的多样性；

（2）信息资源共享；

（3）财政的获益；

（4）对地区的贡献；

（5）超前的探索；

（6）促进了两个地区的关系；

（7）实现成本的跟踪分析。

联合项目的弊端包括：

（1）管理流程复杂，反应速度慢；

（2）两地人口数量差异巨大，而且政治理念不一致；

（3）两市体量不一致导致财政资源共享的不便；

（4）GVRBA 成员来自不同地区，存在较大的文化差异，需要更明确的政策规章制度来管理；

（5）新增污泥工艺对污水处理工艺的运行有时产生负面影响。

6. 总结

GVRBA 是污泥处理的一个独一无二的案例，从最初筹划构想至今已经历 15 年。大急流城和怀俄明政府都认识到通过共同合作来解决各自需求在经济上是有益的。尽管 GVRBA 制定的 Vision 2020 目标还有待实现，但通过多年的实际运行，他们已经拥有更多的经验，为实现最终的宏伟愿景打下了坚实的基础。

2.5　污水处理新技术的整合与实践

华盛顿哥伦比亚特区水务局（简称 DC Water）是近年美国乃至全球最具创新力的水务局代表。对于如何在可持续发展理念引领下，在成本控制和技术创新之间找到平衡，用更全面的方法管理城市水务系统等问题，DC Water 有许多值得同行借鉴的经验。

1. DC Water 的历史沿革

在华盛顿特区的历史早期，给水排水设施包括独立的污水、供水和卫生部门。多年来，该机构经历了多次名称和组织的变更，但一直坚持其核心使命。DC Water 的前身是 1935 年成立的哥伦比亚特区卫生工程部（District of Columbia Department of Sanitary Engineering），虽然其中间经历过几次更名，但直至 1996 年其都隶属于哥伦比亚特区政府部门。1996 年，特区政府决定重组政府的水和卫生部门，通过成立水务机构 District of Columbia Water and Sewer Authority（简称 DC WASA），使其以财政和运营都独立于特区政府的水务公司 DC WASA 的身份继续为哥伦比亚特区提供污水、供水和卫生服务。2010 年，DC WASA 正式更名为现在的名称 DC Water。DC Water 的主要业务包括饮用水处理、污水处理、污水收集等。值得一提的是，DC Water 承担着美国政治中心白宫、国会等行政机关敏感地区的给水排水业务。

2. 严格的污水排放标准

DC Water 拥有目前世界上最大的深度污水处理厂——Blue Plains 污水处理厂（见图 2-13）。其平均处理能力约为 150 万 t/d，服务于美国首都华盛顿哥伦比亚特区、弗吉尼亚州和马里兰州部分地区的 250 万常住人口以及每天约 150 万的游客。

图 2-13　Blue Plains 污水处理厂鸟瞰图

Blue Plains 污水处理厂的出水主要排向下游的 Potomac 河和 Chesapeake 湾，为保证水源地水质和生态健康，必须满足严格的污染物排放标准。事实上，Blue Plains 污水处理厂的出水水质一直可以做到优于国家标准：在初沉池中加化学药剂，控制污水中的磷，使出水磷浓度小于 0.18mg/L；通过深度脱氮及配套控制技术，有效将出水中总氮控制在 2 ~ 3mg/L。

3. 创新理念的发展

DC Water 十分注重技术创新，也在其"Blue Horizon 2020"战略计划中明确将创新作为重点关注的领域，并计划在技术工艺的研发以及采用方面开辟出国际创新道路。对于公共机构来说，当下面临的实际挑战在于创新能力的培养。DC Water 对于创新一直持有积极开放的态度，鼓励员工挖掘新技术，对监管制度的变革保持高度敏感，积极开展科学研究工作，并最终为新技术或实践方法的采用及实施提供建议。图 2-14 为 DC Water 的全球合作伙伴。

图 2-14　DC Water 的全球合作伙伴

DC Water 的创新理念在于他们十分乐意与同行的公共机构、企业、环保组织以及监管机构分享运营过程中出现的问题和机会，从技术的研发、小试、中试以及购买等各个环节中积极地寻求合作机会。通过与合作方共同承担成本，一起进行技术评估与实施，减少具体实施过程中的风险，加速项目落地。通过这种开放的创新模式，DC Water 成为美国水务机构创新领域的领头羊。Blue Plains 污水处理厂的脱氮除磷以及污泥管理计划正是这种开放创新的运营机制与模式的产物。

图 2-15　热水解与厌氧消化结合生产沼气提高了工厂能效，同时实现了污泥的减量化和资源化

通过与 Cambi 合作，DC Water 引进了热水解工艺，并与污泥厌氧消化相结合，最终将产生的生物固体由之前的 B 级通过石灰稳定处理成 A 级（无病原体），该系统为世界上最大的 A 级污泥处理设施，为可持续发展提供了有效的解决路径。如图 2-15 ~ 图 2-17 所示。

（1）产生的清洁燃料沼气用于供热与供电；

（2）减少了废气排放；

（3）污泥产量减少近 50%；

（4）仅在污泥量高峰期使用石灰稳定，每天节约近 40t 石灰；

（5）产生的 A 级污泥对环境危害小，且具有经济效益。

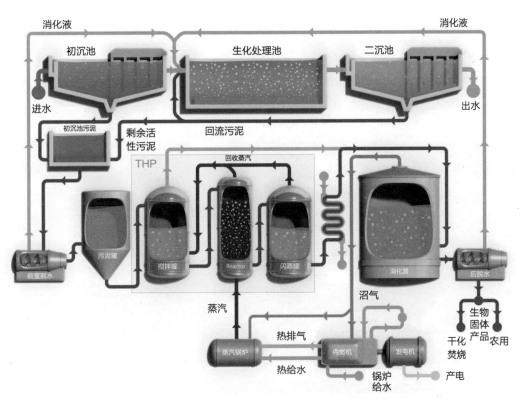

图 2-16　Cambi 热水解系统在污水处理厂的应用流程图（来源：Ariunbaatar，2014）

图 2-17　DC Water 的 Cambi 热水解系统

　　为了进一步提高脱氮效率，DC Water 还积极与 World Water Works 开展合作引入 DEMON® 技术，一起经历了从小试到中试各个阶段，经过反复测试、验证与讨论，侧流式厌氧氨氧化项目最终于 2017 年 9 月开始投入试运行。

4. 小结

DC Water 的 Blue Plains 污水处理厂不仅是世界上最大的深度污水处理厂，同时也是新技术应用的示范地。通过诸如热水解、厌氧氨氧化、污泥富集等一系列新技术工程化的应用，使得 DC Water 在污泥处理、节能降耗、能量回收、深度脱氮等方面成为全世界水行业的先驱。

2.6　光伏发电在污水处理厂的应用

2.6.1　DC Water

DC Water 计划在 Blue Plains 污水处理厂建立太阳能光伏发电系统。2013 年 12 月 19 日和 20 日，AECOM 公司的太阳能光伏专家组访问了 DC Water 的 Blue Plains 污水处理厂以考察可利用的场地。在实地考察之前，AECOM 公司了解到 DC Water 希望未来建立的光伏发电系统所能产生的总功率约为 10MW（AC）。专家组评估的可用地段如图 2-18 所示。

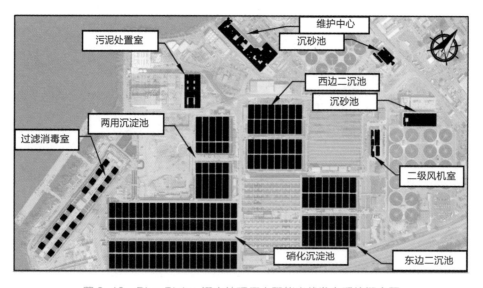

图 2-18　Blue Plains 污水处理厂太阳能光伏发电系统概念图

（来源："Technical Feasibility Study for Photovoltaic Systems" by AECOM）

一般来说，沉淀池是遮篷式光伏发电系统的理想备选地点——无盖且污泥部分清晰可见，易于日后的设备拆卸和维护。硝化沉淀池基于地面设备的配置以及需要清理和移除覆盖物的区域较多，并非理想的备选地点。

经过调研，AECOM 公司表示基于 Blue Plams 污水处理厂的可建造面积，遮篷式并行小部分常见的屋顶式太阳能光伏阵列所能提供的最大安装直流电（DC）功率为13.27MW。这相当于 11.6MW 的交流电（AC）或互连容量（DC 与 AC 的比为 1.14）。然而由于大部分太阳能光伏发电系统都面朝西南，所以最大输出功率达不到 11.6MW，实际约为 8.2MW。从现场电力消耗审查中发现在 2012 年和 2013 年，整个污水处理中心在 10min 内的最低电力消耗为 11.7MW。

表 2-3 体现了所有安装光伏发电系统的备选场所的潜在太阳能发电功率（直流和交流）。

Blue Plains 污水处理厂太阳能发电潜力　　　　表 2-3

（来源："Technical Feasibility Study for Photovoltaic Systems" by AECOM）

部件	模块总数	直流电容量（MW）	变频器容量（MW）
东边二沉池	8832	2.38	2
西边二沉池	8580	2.32	2
两用沉淀池	6724	1.82	1.5
硝化沉淀池	18548	5.01	4.5
过滤消毒室	1946	0.53	0.5
污泥处置室	1001	0.27	0.25
沉砂池 1	396	0.11	0.1
沉砂池 2	913	0.25	0.2
维护中心	1918	0.52	0.5
二级风机室	294	0.08	0.075
总计	49152	13.29	11.625

在设计建筑物屋顶上的模块布局时，考虑到消防要求，每个阵列周围都需要提供足够宽的通道。另外，机械设备、天窗和其他屋顶设备需要足够的空间以避免阴影的影响，且要为光伏阵列内部提供通路以便将来维护。为了更好地了解现场太阳能光伏发电的兼容性，平均每月（天）产生的太阳能发电量的估算值都会有记录，如表 2-4 所示。

太阳能光伏发电系统每月的小时平均能源输出（kWh）   表2-4

时刻	1月	2月	3月	4月	5月	6月	7月	8月	9月	10月	11月	12月	平均值
0：00	0	0	0	0	0	0	0	0	0	0	0	0	0
1：00	0	0	0	0	0	0	0	0	0	0	0	0	0
2：00	0	0	0	0	0	0	0	0	0	0	0	0	0
3：00	0	0	0	0	0	0	0	0	0	0	0	0	0
4：00	0	0	0	0	0	0	0	0	0	0	0	0	0
5：00	0	0	0	0	196	422	135	0	0	0	0	0	63
6：00	0	0	83	782	914	1395	1133	881	376	0	0	0	464
7：00	13	208	892	2192	2173	2796	2377	2223	1568	1240	358	34	1340
8：00	797	1459	2642	4011	3811	4398	4059	3980	3270	2886	1759	977	2837
9：00	2006	2976	4127	5517	5037	5703	5474	5497	4924	4670	2999	2436	4280
10：00	3277	4490	5779	6965	6406	7008	6559	6639	6358	5946	3764	3484	5556
11：00	4260	4917	6598	7636	6626	7748	7510	7683	6729	6508	4138	4261	6218
12：00	4294	5150	7204	8207	6579	7581	7622	7622	6716	6869	4440	4256	6378
13：00	4027	5140	6294	7638	6585	7137	7270	6440	6233	6348	3906	3987	5917
14：00	3502	4394	5316	6543	5767	6890	6093	5571	5044	4892	2978	2874	4989
15：00	2244	3070	3809	4887	4503	5403	5495	4904	4189	3515	1761	1437	3768
16：00	861	1617	2507	3409	3073	4267	4187	3282	2359	1445	350	215	2298
17：00	0	202	758	1642	1613	2329	2225	1584	602	12	0	0	914
18：00	0	0	0	104	402	790	688	263	0	0	0	0	187
19：00	0	0	0	0	0	0	0	0	0	0	0	0	0
20：00	0	0	0	0	0	0	0	0	0	0	0	0	0
21：00	0	0	0	0	0	0	0	0	0	0	0	0	0
22：00	0	0	0	0	0	0	0	0	0	0	0	0	0
23：00	0	0	0	0	0	0	0	0	0	0	0	0	0

2.6.2　华盛顿郊区公共卫生委员会（WSSC）

华盛顿郊区公共卫生委员会（Washington Suburban Sanitary Commission，简称 WSSC）及 Seneca 和 Western Branch 污水处理厂，位于马里兰州。WSSC 主

要服务于马里兰州的蒙哥马利郡和乔治王子县，服务人口约 180 万人。饮用水供应量为 170MGD（约 64 万 t/d），收集污水量为 200MGD（约 76 万 t/d），日处理量为 70MGD（约 26.6 万 t/d）。剩余的 130MGD（约 49.4 万 t/d）污水量通过管道送至 DC Water 进行处理。

WSSC 于 2013 年 10 月完成了太阳能光伏发电系统建造项目的一期工程，即分别在 Seneca 污水处理厂（位于上马尔伯勒县）和 Western Branch 污水处理厂（位于日耳曼敦镇）建立了一个独立的 2MW 太阳能光伏电站（见图 2-19），并于 11 月 6 日开始运行。每个系统建有 8500 块太阳能电池板，产生的电能供污水处理厂内部使用。两个污水处理厂的光伏发电系统都连接在 13.2kV/480V 降压器的客户端，且位于变压器和保护污水处理厂的继电器或断路器之间。由于互联点的选择以及太阳能产电量有时（尽管很少）会超过现场耗电量，所以安装了新的继电器用来防止电力输回至电网。每个光伏发电系统能抵消年度并网购电量约 3278MWh。其中 Seneca 污水处理厂的光伏发电系统的年发电量占总耗电量的 21%，Western Branch 污水处理厂占 12%，二者产生的总电量能抵消 WSSC 3% 的总耗电量。

图 2-19　Seneca 和 Western Branch 污水处理厂鸟瞰图及其太阳能光伏发电系统

Standard Solar 公司为此 EPC 工程项目的承包商，华盛顿瓦斯电力公司（WGL Holdings）旗下的 Washington Gas Energy Services（简称 WGES）子公司为业主和 PPA 提供商。Standard Solar 公司和 WGES 公司将负责该项目一期工程 20 年的运行维护，并预计在 20 年内可节省 300 万美元的开支。AECOM 公司协助 WSSC 审核 EPC 供应商的设计文件，以确保光伏发电系统的高质量输出。AECOM 公司还向马里兰州环境部（MDE）提交了环境许可文件，保证太阳能光伏发电系统符合当地的环境法规。WSSC 于 2016 年通过了马里兰公共服务委员会审批的"合计净计量电价（Aggregated Net Metering）"，并计划于 2018 签订额外 6MW 太阳能项目的二期工程合同。2MW 项目位于 Seneca 污水处理厂，剩下 4MW 项目计划定于乔治王子县污水处理厂厂区外的两个地方。

2.6.3 Hill Canyon 污水处理厂（HCTP）

HCTP 位于加州的千橡市，建于 1961 年，日处理量约为 3.8 万 t，服务人口约 12 万人，以优异的环境管理而闻名。该污水处理厂设有三级处理装置，经过处理的废水可作为中水回用。该污水处理厂通过安装了两个可再生能源项目从而实现了 2014 年市议会目标（City Council Goal）——大型太阳能电站和热电联产设施。太阳能光伏发电系统于 2007 年初安装，当时能够抵消 15% 的电网购电。目前，500kW 的热电联产机以及 584kW 直流电（500kW 交流电）的太阳能光伏发电系统（见图 2-20）已经 100% 实现了厂内电能的自给自足，并且还有多余的电量可以输送至其他用电场所。

图 2-20 HCTP584kW 直流电太阳能光伏发电系统

HCTP 沼气热电联产项目签订了 15 年的 PPA，每度电仅需支付 7.3 美分，与从南加州爱迪生电力公司购电相比，每年能节省 20 万美元的电费开支。太阳能电站为MMA Renewable Ventures 公司所有，SunPower 公司负责 20 年 PPA 的运行。光伏发电系统安装在溢流贮水池内，模块组件安装在一个高于最高水位的单轴跟踪器上，所有的电力装置都安装在通道的一侧，尽量减少水浸发生。该系统经过设计，仅需要通过将直立墩柱锚固在已有的混凝土水池底板上进行安装，减少了传统打桩或开挖地基所需的施工量。

2.6.4 摩尔帕克再生水厂

位于加州文图拉县水务区的摩尔帕克再生水厂（Moorpark Water Reclamation Facility）每天处理来自 9200 名用户约 220 万 gal（约 8330m³）的污水。文图拉县 2011—2016 年战略规划详细介绍了 5 个"重点领域"，其中包括"环境、土地利用和基础设施"。以下为这一特定领域的重点战略目标："通过独立运作、区域规划以及公 / 私协作实施具有成本效益的节能减排措施"。2010 年，文图拉县 1 号水务区与AECOM 公司合作开始对光伏发电系统进行调研。2011 年 7 月，该地区在摩尔帕克废弃物回收厂（Moorpark Waste Reclamation Facility，简称 MWRF）获得了 1.13MW光伏项目的绩效奖励基金。该地区经历了漫长的提案请求（Request for Proposal，简称 RFP）流程，最终于 2012 年初，REC Solar 公司被奖励授权该项目，开始进行光伏发电系统的设计和建设。AECOM 公司和 MSO 提供技术咨询和支持，光伏发电系统于 2012 年 11 月投入使用，并获得并行运行许可。

该项目是文图拉县目前最大的太阳能发电设施，建有 3984 块 285W 的太阳能电池板（制造商为 Hanwha SolarOne），总投入约 430 万美元。目前的太阳能光伏发电系统每年能产生约 230 万 kWh 的电量，差不多能抵消再生水厂 80% 的耗电量。如图2-21 所示，单轴跟踪系统比传统的固定倾斜系统多产生 20% 的电量，因此整体的产电量得到了提升。需要注意的是，当轴处于南北方向且阵列位于矩形开放区域时，单轴跟踪系统效率最高。MWRF 利用相邻的农田为光伏发电系统提供最佳场所。跟踪系统的地基是在地下的宽法兰梁上打桩，大大减少了建造成本和时间。在该项目的整个生命周期内，该地区将节省约 450 万美元。

图 2-21　摩尔帕克再生水厂 1.13MW 直流电太阳能光伏发电系统

2.6.5　West Basin 市政水务区

West Basin 市政水务区位于加州的埃尔塞贡多，是自 1947 年以来一直致力于创新的公共机构，是加州第六大水务区，为洛杉矶西部 186 平方英里（约 482km²）的区域提供饮用水和回用水，服务近 100 万人口。

2006 年，West Basin 决定在其中水回用设施上安装太阳能光伏发电系统，期望获得长期的财务和环境效益。2006 年 11 月，SunPower 公司帮助 West Basin 安装了光伏电池阵列，该系统由 2848 个模块（SunPower® T10 Solar Roof Tiles）组成，发电功率为 564kW 直流电（见图 2-22）。系统安装在所在地区的地下混凝土处理储罐的顶部，总覆盖面积为 6 万平方英尺（约 5600m²）。West Basin 的太阳能光伏发电系统每年可产生约 783MWh 的可再生清洁能源，同时能将公共设施成本降低 10% 以上。自 2006 年光伏发电系统安装以来，截至 2014 年 1 月累计能源产量为 5.97GWh。该地区现在可以产生可靠的、无污染的绿色能源，从而在一定程度上避免了电价上涨。此外，West Basin 还将公众教育作为使命的一部分，通过再生水厂的互动教育区向公众展示节能减排的环保举措。该项目将在未来的 30 年内减少二氧化碳排放量 7400t，相当于种植 2100 英亩（约 850hm²）的绿植。整个系统耗资 420 万美元，其中 West Basin 出资 230 万美元，并从南加州爱迪生电力公司得到一笔 190 万美元的基金。太阳能电池板可维持 25 年的寿命，系统预计在 13 年内可收回成本。

图2-22　West Basin再生水厂564kW直流电太阳能光伏发电系统

2.7　污水处理厂的能耗绩效评估

污水处理本质上是一个能耗密集型的行业。电费往往是污水处理厂运行的最大支出之一。美国加州能源委员会和美国自来水协会（AWWA）、太平洋燃气电力公司（Pacific Gas & Electric Company）、美国水环境研究基金会（WERF）的统计结果显示能耗占到污水处理厂运行费用的25%～40%，而在南欧国家例如西班牙和葡萄牙则为26%左右。提高能效一直是行业的热点。

如何评价一个污水处理厂的能耗表现呢？这是搞清楚一个污水处理厂的能量平衡和物料平衡非常关键的一步——除了运行设施的改善措施外，污水处理厂也应该引入能量管理体制（如ISO 50001：2011I标准），用量化的方法来管理污水处理厂的运行绩效。

在这个背景下，位于葡萄牙里斯本的国家土木工程实验室城市水研究部的团队提出了能耗绩效的概念(Energy Performance Indicators,简称PIs)，内容包括单位能耗、单位能量产出、净消耗和支出、结果验证。

虽然很多研究报告都提及了污水处理厂能耗表现，但很少有报告真的含有完整的PIs能量指标的框架。该葡萄牙团队致力于绩效评估系统（Performance Assessment System，简称PAS）的开发，而PIs是这个系统的核心指标。这个系统如今已有三代的版本，最新一代PAS包括以下8组PIs：

（1）出水水质（Treated wastewater quality）；

（2）原材料用量（Use of natural resources & raw materials，这里的缩写为RU）；

（3）副产物管理（By-product management，简称 BP）；

（4）去除效率和可靠性（Removal efficiency & reliability，简称 ER）；

（5）财政资源（Economic & financial resources，简称 Fi）；

（6）安全（Safety）；

（7）人事（Personnel）；

（8）规划设计（Planning & design）。

4 个跟能耗表现相关的主要指标作为 PAS 的一级指标，包括原材料用量（RU）、副产物管理（BP）、去除效率和可靠性（ER）、财政资源（Fi）。另外还有 11 个附加的 PIs，包括可再生能源（风能、光伏）、泵送能力、曝气控制等。评价基期为一年，并分为好、中、差三个等级。由于各国的能源税收政策差别太大，所以此研究团队没有将其作为这次基准测定的国际参考值。

该研究团队在葡萄牙进行了实地考察，采集了 17 个污水处理厂的运行数据，并通过文献调查，对世界各国的能耗情况进行了分析比较，建立了一个初步的污水处理厂能耗表现的全球概况。

数据显示，各国污水处理厂的单位能耗各异，取决于具体的处理工艺、出水标准、运行维护的程序等。但总地来说，曝气和泵是能耗最大的部分，视处理水质和工艺以及季节变化情况，曝气占到总能耗的 25% ～ 60%。

另外，数据也再次证明了单位能耗跟污水处理厂的规模和运行负荷密切相关。如图 2-23 所示，50000m³/d 是一个分界线。越接近设计负荷运行的污水处理厂，其能

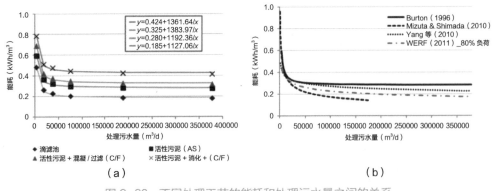

图 2-23 不同处理工艺的能耗和处理污水量之间的关系

（a）活性污泥法系统；（b）Burton 等人的校正数据

耗越低（80% 负荷运行的电耗约为 0.15 ～ 0.43kWh/m³，50% 负荷运行的电耗约为 0.32 ～ 0.60kWh/m³ ）。

而能量产出方面，因为由污水处理厂的规模、进水水质、去除效率等导致的污泥量不同，所以也是各有差异，0.074 ～ 0.15 kWh/m³ 是这个研究团队通过文献得到的统计范围结果。值得一提的是，奥地利 Strass 污水处理厂的能效管理表现非常突出，该厂的能量自给率高达 108%，也就是有盈余能量供给公共电网。

图 2-24 ～图 2-26 是该研究团队对各国污水处理能效表现的统计成果。

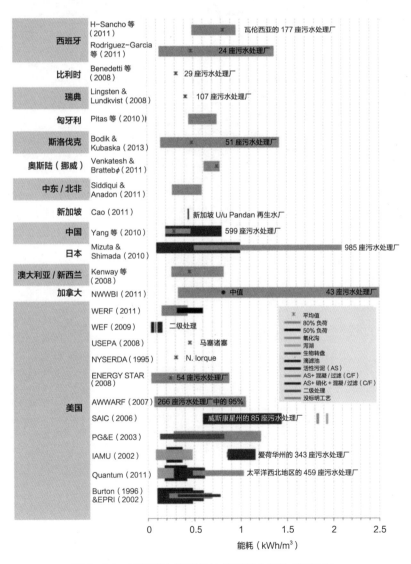

图 2-24　不同国家处理单位体积污水量的能耗对比

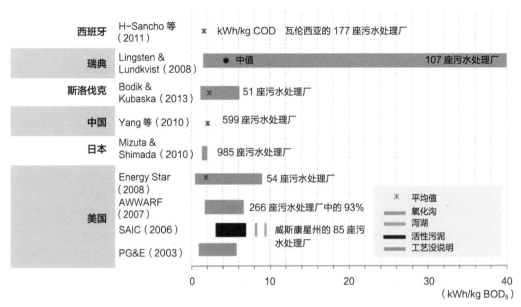

图 2-25 不同国家处理单位 BOD_5 的能耗对比

表现指标 - 参考数值		
处理单位体积污水量的能耗（kWh/m³）		
TF　● <0.185+1127/TW	● [0.185+1127/TW；0.231+1409/TW]	● ≥ 0.231+1409/TW
AS　● <0.280+1192/TW	● [0.280+1192/TW；0.350+1490/TW]	● ≥ 0.350+1490/TW
AS+C/F　● <0.325+1384/TW	● [0.325+1384/TW；0.406+1730/TW]	● ≥ 0.406+1730/TW
AS w/ 硝化 +C/F　● <0.424+1362/TW	● [0.424+1362/TW；0.530+1703/TW]	● ≥ 0.530+1703/TW
处理单位污染量的能耗（kWh/kg BOD_5）		
● <2	● [2；10]	● ≥ 10
沼气的产能（kWh/m³）		
● ≥ 0.0009 BOD_5	● [0.0007 BOD_5；0.0009 BOD_5]	● <0.0007 BOD_5
净能耗（kWh/m³）		
TF　● <0.185+1127/TW −0.0009 BOD_5	● [0.185+1127/TW−0.0009 BOD_5；0.231+1409/TW−0.0007 BOD_5]	● ≥ 0.231+1409/TW −0.0007 BOD_5
AS　● <0.280+1192/TW −0.0009 BOD_5	● [0.280+1192/TW−0.0009 BOD_5；0.350+1409/TW−0.0007 BOD_5]	● ≥ 0.350+1490/TW −0.0007 BOD_5
AS+C/F　● <0.325+1384/TW −0.0009 BOD_5	● [0.325+1384/TW−0.0009 BOD_5；0.406+1730/TW−0.0007 BOD_5]	● ≥ 0.406+1730/TW −0.0007 BOD_5
AS w/ 硝化 +C/F　● <0.424+1362/TW −0.0009 BOD_5	● [0.424+1362/TW−0.0009 BOD_5；0.530+1703/TW−0.0007 BOD_5]	● ≥ 0.530+1703/TW −0.0007 BOD_5

TW= 处理的污水量（m³/d）；BOD_5＝进水 BOD_5（mg/L）；好（绿点），中（黄点），差（红点）

图 2-26 污水处理厂能耗绩效的分级评定

　　需要提醒的是，由于该研究有大量数据来自文献，所以数据的统一度有待商榷。以中国的污水处理厂情况为例，该研究关于中国污水处理厂的数据来自清华大学的团队在 2008 年发表的一份研究报告《我国城市污水处理厂能耗规律的统计分析与定量识别》，而且数据仅限于污水处理，并没有把污泥处理的能耗统计在内，这样统计分析的可靠性，还值得进一步考究。另外，受地域条件、工艺规模、自动化操作程度等因素的影响，研究结果重在参考。

但无论如何，能耗绩效评估概念的提出对整个行业还是很有帮助的。制定污水处理厂的基准评定制度，并不是为了分出高低，初衷是促进管理水平的提高、降低运行成本、互相学习和进步。而积极与国际标准接轨，对污水处理厂能耗表现进行识别和分析其影响因素，也是中国实现污水处理厂节能降耗的重要基础。

2.8 未来污水处理厂的技术路线图

移动床生物膜反应（Moving Bed Biofilm Reactor，简称 MBBR）工艺是污水处理界的热门讨论话题之一。MBBR 工艺的发明者是来自于挪威科技大学的 Hallvard Ødegaard 教授。Ødegaard 教授在水处理方面的专长包括生物膜工艺、消毒工艺、饮用水中腐殖质的去除和污水中营养物的去除等。

Ødegaard 教授自 1977 年起在挪威科技大学水利和环境工程系任教。2011 年退休后成为挪威科技大学的荣誉教授。

就未来污水处理厂这一话题，Ødegaard 教授着手编写了题为《基于紧凑型工艺技术（包括 MBBR）的能量中和污水处理厂的路线图（A road-map for energy-neutral wastewater treatment plants of the future based on compact technologies（including MBBR））》的文章。

Ødegaard 教授认为实现水质目标、能量自给和资源回收的环境友好型污水处理厂将是污水处理厂在未来的总体发展趋势，而越来越多的污水处理厂项目已经开始探索和实践这一全新的发展理念。Ødegaard 教授对未来污水处理厂应该实现的一些目标进行了如下的归纳：

（1）污水处理厂的出水不能对受纳水体产生任何负面影响。

（2）污水中的资源应该得到回收，例如回用水、能源和磷等营养物。

（3）污泥应该被当作资源来使用，而不是废物，而且最终污泥的产量应该尽量低。

（4）紧凑型工艺技术应该得到应用，因为城市空间日渐受限。

（5）污水处理厂应能量自给，碳足迹低，这意味着要选用那些使能耗最小化的工艺，但前提是保证上述其他目标都能实现。

为了实现以上目标，Ødegaard 教授认为污水处理厂在工艺选择上应该持开放的态度，不仅仅局限于活性污泥法等传统工艺。在此背景下，他根据以下两个工艺流程图对未来污水处理厂的发展方向进行了探讨。

（1）基于已经得到验证的紧凑型工艺技术，例如用于主流脱氮的硝化/反硝化；

（2）基于新兴的紧凑型工艺技术，例如主流厌氧氨氧化。

Ødegaard 教授认为污水处理厂在设计和建设过程中需要考虑的因素包括：

（1）用于工艺本身、加热/冷却以及通风系统的能耗要尽可能小。他尤其强调了：减少所需曝气量，减少因回流使用的泵数，使用紧凑型工艺技术以减少占地（并加盖或建于地下）。

（2）能量需要得到回收，例如通过 CHP 热电联产技术回收厌氧发酵产生的沼气所含的能量。而这能通过收集可降解性高的污泥和使用污泥热水解等预处理技术来实现。

（3）去除有机微量污染物和微生物污染物。

Ødegaard 教授指出基于全新的紧凑型工艺技术将有利于污水处理厂实现能量平衡，而仅使用现有的传统技术就很难达到这一点。图 2-27 展示了 Ødegaard 教授认为可行的未来污水处理厂方案。

这个未来污水处理厂方案强调了能源的消耗和回收。通过应用结合了生物和物理/化学方法的紧凑型优化工艺，污水处理厂能够实现能耗最小化。例如用 MBBR 工艺进行生物降解和高效固液分离，用厌氧氨氧化工艺来脱氮。同时，通过厌氧发酵使污水处理厂能最大化地回收能源。途径包括使进入消化池前的污泥生物降解最小化，并对其进行热水解的预处理。

除了去除污染物和实现能量回收之外，Ødegaard 教授认为未来的污水处理厂也应具有生产可满足饮用、灌溉、冲厕、河流补给等不同用途需求的高质量回用水的能力。针对水回用，Ødegaard 教授使用的工艺是基于臭氧消毒和絮凝预处理的陶瓷膜过滤技术。

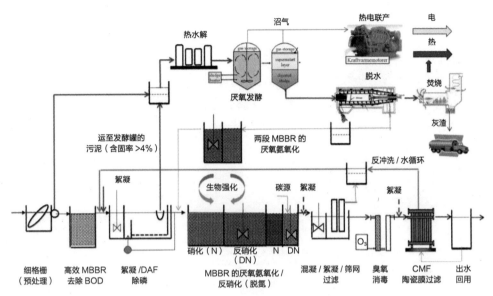

图 2-27　Ødegaard 教授提议的未来污水处理厂工艺流程图

作为 MBBR 工艺的发明人，Ødegaard 教授提出了两条基于 MBBR 工艺的未来污水处理厂技术路线。

（1）第一条路线：应用成熟和已经得到验证的紧凑型工艺技术。

1）用化学强化预处理（Chemically Enhanced Primary Treatment，简称 CEPT）配合溶气气浮法（DAF）来分离絮状物实现 BOD 和磷的去除，同时尽量少使用金属药剂以保证有足够的磷含量供后续生物工艺使用。

2）脱氮工艺使用基于 MBBR 的硝化 / 反硝化工艺，反硝化包括了前置模式和后置模式。

3）用微砂加重斜板沉淀池（micro-sand ballasted lamella separator）分离生物质并用微孔筛去除剩余的悬浮固体。

4）用臭氧氧化微量污染物和作微生物消毒。

5）采用陶瓷膜微滤去除最终的颗粒物。

6）对气浮工艺排出的污泥作浓缩和热水解处理，然后进行厌氧消化回收沼气和实现污泥减量。

7）用基于 MBBR 的 IFAS 反应器对消化液作厌氧氨氧化处理，如有可能，对最终剩余污泥作焚烧处理。

8）产生的沼气用 CHP 热电联产设备回收能源。

（2）第二条路线：使用更具突破性的厌氧氨氧化在主流工艺线上脱氮。

两条技术路线的工艺流程图基本相同，但由于第二条路线中应用厌氧氨氧化工艺，因此无需碳源，并且污泥产量也更低。

1）在除碳工艺里，用高效 MBBR 工艺替代 CEPT+DAF 工艺，把难溶性有机物和可溶性有机物一起去除。

2）在脱氮工艺里，采用基于 MBBR 的两段式厌氧氨氧化取代硝化/反硝化。但为了达到较高的脱氮率，这里还结合了大大简化的硝化/反硝化环节。

3）侧流消化液使用的厌氧氨氧化处理采用两段式 MBBR 的设置，主流厌氧氨氧化通过生物强化实现，具体方式是将侧流中的亚硝化和厌氧氨氧化两工序中的移动载体分别投加到主流工序对应段的位置。

4）因为生物反应器的悬浮固体浓度非常低，对于生物质（活性污泥）的最终去除，使用的是微孔筛网（结合混凝）的方法。

通过工程应用，MBBR 已经被证明了是稳固而紧凑的适用于污泥消化液厌氧氨氧化的生物膜技术。目前有两家公司提供基于 MBBR 的商业解决方案：一个是 DeAmmon®，由瑞典 Kalmer 的 Purac/Läckeby AB 公司、德国汉诺威大学以及德国 Essen 的鲁尔河协会共同研发；另一个是 ANITA™Mox（见图 2-28），由威立雅的一家子公司——瑞典隆德（Lund）的 AnoxKaldnes AB 公司研发。

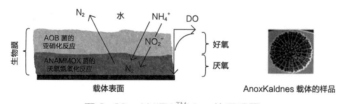

图 2-28　ANITA™Mox 的原理图

世界上第一个处理污泥消化液的 MBBR 工程应用示范项目位于德国的 Hattingen，其采用的是多段式工艺，该项目证明了 MBBR 厌氧氨氧化工艺与传统脱氮工艺相比具有更高的经济效益。而 ANITA™Mox 是一段式的 MBBR 厌氧氨氧化工艺，通过先进的 DO 控制系统来防止硝态氮的积聚，它的第一个工程应用项目位于瑞典 Sjölunda 污水处理厂，目前其培养的菌可以用作其他相同工艺的污水处理厂的反应启动接种菌。

而对于两段式和一段式工艺系统的对比，Ødegaard 教授认为两种系统各有利弊。两段式系统里亚硝化反应效果非常好，但这也导致后段的厌氧氨氧化更难控制。亚硝酸是厌氧氨氧化细菌的底物，但亚硝酸的积累却会抑制厌氧氨氧化细菌的活性，而在一段式系统中就不存在这样的问题，因为生成的亚硝酸会马上被厌氧氨氧化细菌消耗。对于两段式系统，NO_2-N/NH_4-N 是一个重要的控制参数，一般这个参数要保持在 1.32 的水平。

为了克服亚硝酸对厌氧氨氧化的抑制作用，以及提高 ANITA^{TM}Mox 在不同运行条件下的表现，有研究人员提出了复合固定膜活性污泥（IFAS）工艺，它结合了悬浮基质和生物膜，因此被认为能提高底物的物质传递效率。

污泥消化液实验结果表明，一段式 IFAS 工艺的脱氮能力是一段式 MBBR 工艺的 4 倍。实验团队的一个解释是：在 IFAS 系统里，亚硝酸的浓度足够高使其能扩散到生物膜的深层的厌氧氨氧化菌，因为絮体里的物质传递限制没有生物膜明显，后者厚度和密度都更高。另外，在 IFAS 系统中的污泥停留时间更长，防止了 AOB 菌的流失。更加值得关注的是，相应的工程应用试验已经在 Sjölunda 污水处理厂进行，运行结果和实验室研究结果相吻合。很多从事主流厌氧氨氧化的开发者和研究人员也因此开始使用基于 MBBR 的 IFAS 工艺，图 2-29 是威立雅公司曾经使用的工艺流程。

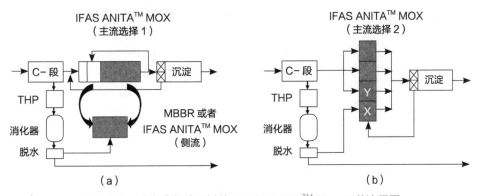

图 2-29　威立雅曾使用过的 IFAS ANITA^{TM} Mox 工艺流程图

图 2-29 为主流 ANITA^{TM}Mox 污水系统工艺图。（a）图把侧流的载体运到主流中实现生物强化；（b）图中主流反应器分为若干模块，其中一个模块接收来自消化罐

的出水，这时它可以被看作是一个临时的侧流式厌氧氨氧化单元 X，当运行达到理想状态时，让它重新接收来自主流的污水，这时候单元 Y 就变成新的临时侧流式厌氧氨氧化单元接收来自消化罐的出水。

法国巴黎的中试试验和瑞典 Sjölunda 污水处理厂的全尺寸原型试验的结果成功显示了 IFAS-ANITA™Mox 的可行性。Ødegaard 教授介绍的这两个试验结果的资料都来自 2015 年 IWA 在波兰 Gdansk 举行的营养物的去除与回收的专题大会上由威立雅团队作的报告 "Mainstream deammonification using ANITA™Mox Process"。该报告中提到更多的试验正在进行中，目的是进一步验证这个工艺应用于主流厌氧氨氧化的优点，以及探索如何把它整合到一个完整的污水处理厂工艺中以实现能源回收和节省运行费用。

2.9　灵活性和适应性：未来水资源回收工厂的关键要素

Glen Daigger 博士是国际水协会前任主席（2010—2014）、美国工程院院士、CH2M HILL（西图）的前高级副总裁兼首席技术官，目前是密歇根大学市政与环境工程学院的教授。在过去的几年里，他一直在大力推动水资源回收工厂（Water Resource Recovery Facility，简称 WRRF）理念的传播，改变大家对污水处理厂的传统认识。他在不同场合都谈到了污水处理厂的灵活性和适应性的重要性。图 2-30 为美国能源部 2015 年官方报告中对 WRRF 整体概念的描述图。

未来水资源回收工厂（WRRF）必须要满足各种功能性的要求（见表 2-5）。实际上 WRRF 可以成为一个基于生物技术的经济有机体。

WRRF 的功能要求　　　　　　　　　　　　　　表 2-5

水质要求	资源回收	整体系统的角色衍变适应性
负荷接收水体标准	能源	水与资源回收
	营养物	
满足具体回用水标准	有机物	与"上游"水回收结合的资源回收
	其他	

未来水资源回收厂
能量盈余及其他可能性；污水处理厂的改造愿景

能量与资源回收
污水处理厂利用高效的运营回收水、能源、营养物以及其他产品

综合生产
生产不同级别的清洁用水、能量和一系列工业及农业产品

清洁饮用水　其他级别水回用　健康水生环境　肥料　电力　化学品　肥料

智能系统
传感器、软件和先进监测设备对进水的流量和物质进行跟踪，反映运行表现，核实输出的安全性和表现

产出成果：
· 健康环境
· 可再生能源供应
· 减少碳排放
· 经济增长
· 有活力的绿色社区

居住小区　商业楼宇　发电厂　交通运输　工业　农业

社区参与
政府、企业和公众一起更好地进行废物管理，支持资源回收的目标。为未来的综合生产做出贡献

图 2-30　美国能源部 2015 年官方报告中对 WRRF 整体概念的描述图

大家对环境治理的要求随着时代进步而变化，诸如污水处理厂、垃圾处理厂等环保基础设施必须适应这些变化。一个集中式的 WRRF 可能就是从一座只确保废水达标排放的污水处理厂逐步转变为若干个更小型的、功能划分更细化的资源回收厂。

污水资源化技术在快速演变，我们也有了更多的选择，例如：

（1）厌氧氨氧化的发现及其商业化应用的快速普及；

（2）从废水中回收能源日渐受到社会和政府的重视，这促进了厌氧消化技术的进一步发展；

（3）膜技术和其他深度水处理技术（如 UV、高级氧化和生物活性炭）促进了水回用的发展；

（4）磷回收也已经成为趋势，各种基于生物和电化学技术的回收工艺正在不断发展中。

这些趋势预计会随着生物技术和材料科学（纳米技术）的进步而得到进一步的发展。正因为这样，未来水资源回收工厂（WRRF）不仅需要适应各种功能性要求的变化，还要应对变化的技术。因此，WRRF的设计不能仅针对特定的一些功能性要求或技术。相反，灵活性应该成为污水处理厂设计的首要考虑要素。在一些技术还没诞生的时候，我们怎样设计一个能适应各种不确定的要求和变化的WRRF呢？这似乎是个不太可能的任务，但历史告诉我们是可行的。

实际上许多WRRF已经有几十年的运行历史，也已经经历了若干次标准和技术的升级。因此，我们其实是有相对充足的经验来对WRRF的布局和配置做决策的。这些经验能给一座新的WRRF的建设或者污水处理厂的升级提供很好的参考。

1. WRRF 的功能性需求

WRRF在设计时需要考虑的内容可以分为五大部分，包括：水力负荷和处理能力的扩展、处理水质要求、厂区布局、污泥处理、美观和臭气处理。

（1）处理水质要求

处理水质要求随着时代变化而变化，这也驱动着处理技术的变化，也会对污水处理厂的设备配置和布局产生显著影响。WRRF的可能处理目标和对应的技术选择见表2-6。

WRRF 的潜在处理标准以及对应的技术选择 表 2-6

主要有机物成分	营养物	消毒	微量污染物
预处理（初沉池）	生物/化学除磷（0.01～0.1mg/L）	过滤	膜技术
高负荷好氧生物处理		UV	臭氧
直接厌氧处理	异养/自养脱氮（1～3mg/L）	臭氧	BAC
普通生物处理		高级氧化	高级氧化
		投氯	电化学工艺

去除有机物无论是目前还是将来都会是污水处理的首要目标。它可以通过氧化的方式得以去除，但对于WRRF而言，有机物的捕获是日渐增长的技术选择，这不仅减少了后续所需曝气量，还能对捕获的有机物进行厌氧发酵回收沼气。这使得大家重新

对过去使用的高负荷好氧生物处理产生了兴趣，因为它能使主流中的有机物捕获最大化，使污泥矿化最小化。同时对在主流中直接使用厌氧消化的兴趣也在增加。这些工艺技术的选择将对厂区布局产生重大影响。

出水氮磷标准也变得日益严格。美国环保署 2015 年的数据显示，一些生态保护区的总磷和总氮标准分别为 0.01 ~ 0.1mg/L 和 1 ~ 3mg/L，这有可能是未来污水处理厂的出水标准。而目前脱氮除磷的生物或化学技术是可以满足这些标准需求的。除此之外，一些深度处理技术也能满足消毒和微量污染物的去除要求。

WRRF 各主要部分的使用寿命总结于表 2-7。钢筋混凝土结构和管网渠道等寿命较长，泵、风机等转动设备次之，所以设计布局的重点之一是要提供更具适应性的工艺反应池来应对不同的目的和处理技术。

WRRF 各主要部分的使用寿命　　　　　　　　　　表 2-7

项目	有用年限（年）	备注
基础结构	50 ~ 100	钢筋混凝土结构（包括必要的修复工作）
机械设备	15 ~ 40	泵、风机等转动设备
电气设备	10 ~ 20	以报废时间为准
工艺技术	10 ~ 20	以满足出水要求和技术演变为标准
网络信息技术	5 ~ 15	以报废时间为准

（2）厂区布局

厂区布局方面建议使用模块化的方法。如图 2-31 所示，一开始该厂包含格栅、进水泵、初沉池、传统活性污泥生物处理。然后这个系统经历了四个阶段的扩容，但依然留有空间进行脱氮除磷和进一步的三级处理，如中水回用。一些会产生臭气和需要经常维护的处理单元就安排在方便出入的入口附近。另外，工序间应该设有混合点，保证进入下一个工序的进料是统一稳定的，这能对系统进行更好的整体控制。

另外，图 2-32 展示的是一些 WRRF 应对扩建的方法。主要的思路是对处理系统的关键工艺设备，例如管道等留有充足的空间。而两侧的工艺反应池采用标准化设计，这样能在有需要的时候更灵活地对某个单元进行改造。

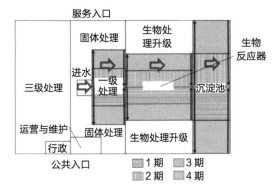
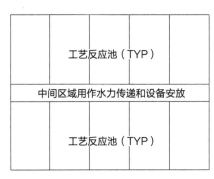

图 2-31　模块化设计的 WRRF 布局　　　图 2-32　方便新技术改造的工艺布局图

2. 新技术和技术选择

传统回收能源的污水处理厂一般的工艺包括了初沉处理 + 高负荷活性污泥 / 滴滤池生物处理来使主流能耗最小化，另一方面就是对初沉池和二沉池的污泥进行厌氧消化，回收的沼气通过热电联产来满足厂区的供电需求。这对出水要求不是那么严格的地区来说，COD、BOD_5 和 TSS 等指标达标一般是没有问题的。但随着出水标准的提高，尤其是氮磷指标的加入，使得大家偏向使用低负荷活性污泥系统，相应增加了污泥好氧稳定化的能耗。低负荷活性污泥系统虽然减少了二级剩余污泥的产量，但沼气的产量也少了，生物处理的能耗却提高了，使得 WRRF 要向外购买更多能源。

上述这些因素使得大家重新对 AB 法等进行碳捕获的工艺产生了兴趣，另外就是自养厌氧氨氧化的脱氮工艺能与其结合，产生更多的技术选择，但具体哪项技术最可靠实惠仍不明朗。此外，大家对磷回收兴趣的增加，同样影响着工艺的选择。化学强化初沉池（CEPT）是碳捕获的其中一个方法，它同时能去除大量的磷，但是因为这些磷是以化学方式去除的，所以导致其很难进行后续的回收利用。

高负荷生物处理系统（包括悬浮和生物膜系统）和非硝化的生物除磷工艺是另外两个碳捕获选择。这两种选择的脱氮工艺都可以由下游的厌氧氨氧化处理完成。另一个选择是主流厌氧处理，结合生物脱氮除磷或者生物脱氮 + 化学除磷。上述技术选择总结于表 2-8 中。

对于这些技术的利弊，可能还需要几年时间来摸清，而相应的支持技术也在不断演进。对此，在决策上应该将这些因素跟污水处理厂的布局结合来综合考虑。

碳捕获和脱氮除磷工艺选择			表 2-8
预处理	生物处理	去除营养物	污泥稳定化
传统	高负荷生物处理	生物脱氮除磷	厌氧消化
传统	生物除磷	生物脱氮	厌氧消化
CEPT	高负荷生物处理	生物脱氮	厌氧消化
	高负荷生物处理	生物脱氮除磷	厌氧消化
	生物处理	生物脱氮	厌氧消化
	厌氧处理	生物脱氮除磷	
	厌氧处理	生物脱氮 + 化学除磷	

3. 总结

　　污水处理目标、出水标准和技术都在不断演进，这要求 WRRF 在设计上要更具灵活性来适应这些持续的变化。WRRF 的厂区布局和工艺反应池的设计不应该仅限于现在的处理要求和技术，而应该具有应对未来政策要求和技术的包容性。这在技术上是可行的。用模块化（building block）的思维来设计布局是应对处理能力、处理要求和有机物处理升级变化的一个可行的方法，还有就是在美学和环境上的考虑。只有能帮助污水处理厂应对未来变化的设计规划，才是通往未来水资源回收厂的正道。

第 3 章　全球典型案例

3.1　200% 能源自给——奥地利 Strass 污水处理厂

采用传统 AB 处理工艺的奥地利 Strass 污水处理厂（见图 3-1），因在能源自给方面取得的成就而名声大噪。早在 20 世纪 90 年代，Strass 污水处理厂就开始关注如何能在满足自身运行之外实现能量盈余。其理论依据是污水自身蕴含的能量远高于处理污水所需的能耗：典型的欧洲污水按人口当量计算，理论上污水蕴含的能量为 18 W/ 人，而处理污水的能耗约为 5 ~ 7W/ 人。

图 3-1　Strass 污水处理厂鸟瞰图

Strass 污水处理厂始建于 1988 年，位于奥地利 Innsbruck 市的 Strass Valley。后续经过一系列的技术改造升级。其设计日处理规模为 15 万人口当量（60gBOD/PE），旅游高峰期时，日处理规模可达 22 万人口当量（PE），平均处理规模约为 30000m³/d。Strass 污水处理厂总氮的年去除率高于 80%，出水 TN 的浓度小于 5mg/L，NH_4-N

小于1.5mg/L，COD和BOD去除率大于90%。在1996年时已经可以生产50%其运行所需的能量。2005年，该污水处理厂实现了能源自给和产能盈余（108%能源自给率）。

1. 有机质产能利用最大化

Strass污水处理厂采取了一系列措施来实现能源自给，采用两段生物系统的AB工艺就是其中之一。A段可以去除55%～65%的有机物负荷，污泥停留时间少于半天。B段的污泥停留时间约为10d，这样可以去除80%的氮。在线氨氮分析器控制着曝气量和曝气时间，并且如果需要，所有的活性污泥池都可以进行有效曝气。这种工艺可以保证有机质最大程度地进入污泥消化系统，用于后续产沼气。Strass污水处理厂最终保证了污水中约35.4%的有机质用于产沼气。如图3-2所示。

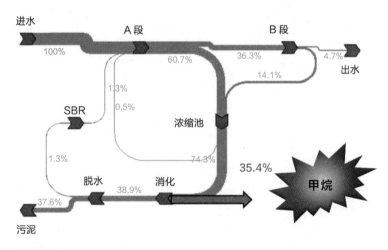

图3-2　COD负荷平衡图（按每天每人口当量COD为120g计算）

2. 厌氧氨氧化技术的应用

（1）侧流式厌氧氨氧化

剩余污泥被浓缩、厌氧消化和脱水。通过这种方式产生的消化液和污泥脱水液通常都有很高的氮负荷。Strass污水处理厂的一个独到之处是，从2004年开始，在侧流中利用DEMON®工艺去除氨氮。工艺还含有结合硝化和厌氧氨氧化过程的序批式反应器（SBR），在两年半的时间内，该工艺分三个阶段被放大应用。除了可以降低硝化反应的能源需求外，采用厌氧氨氧化工艺的转化过程能够使进水中的大部分有机物负荷在消化器中被用于生成沼气,而不是在反硝化作用中被消耗。并且和其他工艺相比,厌氧氨氧化工艺的一大优点在于它不需要额外添加碳源。

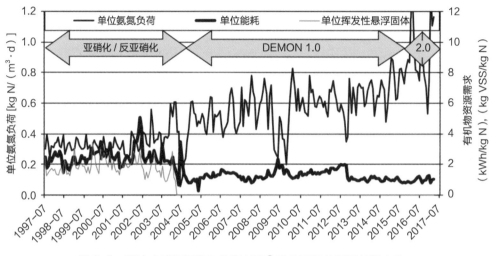

图 3-3　侧流式厌氧氨氧化 DEMON® 工艺运行的氨氮负荷变化

从图 3-3 可以看出,自 2004 年侧流厌氧氨氧化 DEMON® 工艺引入后,无需再外加碳源进行脱氮。脱氮的能耗也随之降低近一半。自 2016 年初采用了最新的分离富集装置(见图 3-4)代替原先的旋流分离器,侧流系统的氨氮负荷提高到了 1.0kgN/(m³·d)以上,并稳定运行。

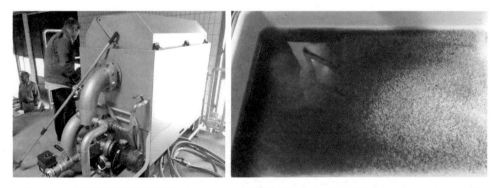

图 3-4　侧流系统中采用的新型 Anammox 菌分离富集装置及侧流系统中的 Anammox 菌

值得一提的是,由于采用了新的分离富集装置,侧流式厌氧氨氧化工艺可以在较高的氮负荷下稳定运行。Strass 污水处理厂还不时从周边运来垃圾渗滤液，直接投入侧流系统中，不仅进一步提高了氮负荷，同时为该污水处理厂带来了新的收入来源。图 3-5 所示为 Strass 污水处理厂的生化池。

图 3-5 Strass 污水处理厂生化池

（2）主流厌氧氨氧化

自 2016 年 2 月，主流厌氧氨氧化系统也更新了 Anammox 菌分离富集设备（见图 3-6）。该设备专利权属于美国的 DC Water。此外，也应用了与主流厌氧氨氧化系统配套的自控系统（AvN）。该系统通过一系列的传感器和控制系统，实时控制 NH_4-N 和 $NOx-N$ 的比例。此外，由于侧流系统中 Anammox 菌的稳定富集，在低温和特殊运行条件下，可以用于补给主流系统。这些综合技术手段的有效运用，有效保障了主流厌氧氨氧化工艺的稳定运行。

原先的旋流分离器   现用的最新分离富集装置

图 3-6 Anammox 菌分离富集工具的演变

另外，由于主流系统中 Anammox 菌及污泥的颗粒化（见图 3-7），显著提高了污泥的沉降性能。Strass 污水处理厂原有三个二沉池，通过工艺优化和污泥沉降性能的提高，目前只需两个二沉池就能保障出水水质。这是他们采用新型 Anammox 菌分离富集装置的额外效益。

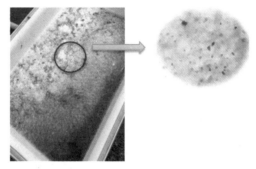

图 3-7　主流厌氧氨氧化工艺的污泥

（3）氮平衡

奥地利国家标准中要求污水处理厂年总氮去除率需高于 80%。Strass 污水处理厂进水总氮负荷为每人口当量（PE）每天 11gN（约为 55mg/L TN 浓度）。图 3-8 为氮平衡图。侧流式厌氧氨氧化去除约 20% ~ 25% 的总氮，主流厌氧氨氧化去除约 45% 的氨氮，剩余 20% 排放（TN 年均排放浓度小于 5mg/L）。

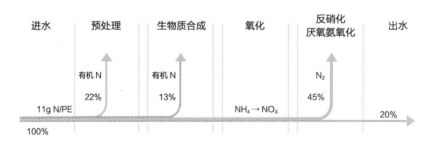

图 3-8　氮在污水处理过程中的物料平衡分析

3. 积极的能耗管理

Strass 污水处理厂有两个 2500m³ 的厌氧消化罐。在热电联产（CHP）单元中采用全新机组可以提高使用效率和电机效率，这也是实现产能的重要因素。新机组可以达到 40% 的天然气 - 电能转化率。为了提高沼气的发电量，Strass 污水处理厂从 2008 年开始采取了协同消化的方式。图 3-9 是 Strass 污水处理厂 2003—2009 年的产能和耗能情况，图中的数据显示了产能和耗能之间的比例。当产能大于耗能时（如 2005 年 2 月，启动侧流厌氧氨氧化工艺后），污水处理厂达到了能源自给自足（108%）。

在 2008 年之后，通过外加有机质，Strass 污水处理厂的能源产量超过了消耗量，实现了额外产能。如在 2014 年，Strass 污水处理厂每日沼气发电量约为 14120kWh。目前，Strass 污水处理厂通过污水有机质利用最大化、侧流式厌氧氨氧化工艺以及协同消化等一系列综合技术手段，已经实现了 200% 的能源自给率。

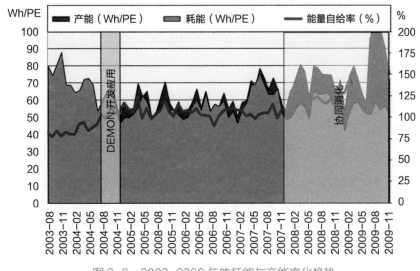

图 3-9　2003-2009 年的耗能与产能变化趋势

4. 协同消化的最优化

由于后续污泥处置费用相对较高，每吨脱水污泥（按含水率 30% 计算）送去焚烧厂处理的费用为 75 ~ 80 欧元。所以 Strass 污水处理厂在如何最优化污泥与厨余垃圾共消化上做了很多细致的研究。一方面希望产沼气最大化，另一方面希望剩余污泥最小化。

实际的运行经验表明，添加厨余垃圾并不一定导致剩余污泥量增加。当添加厨余垃圾的量为 10%（按有机负荷计算）时，产沼气量提高了 20%，共消化后剩余污泥量不升反降，约为原来的 92%。这点表明，适当的添加厨余垃圾可有效促进污泥本身的消化。但继续添加更多的厨余垃圾后，剩余污泥量会相应的增加。但厨余垃圾增加到 1/3 时，沼气产率提高 60%，侧流系统中总氮负荷提高 25%，而剩余污泥量只增加了 16%。

Strass 污水处理厂的成功不仅仅归功于对技术的应用，在项目设立之初，相关负责人就对最终的运营有着严格和全面的规划。此外，污水处理厂还和当地 ARA Consult 技术咨询公司、Innsbruck 大学以及美国两家水务公司 DC Water 和 HRSD 保持着紧密的合作关系。同时，Strass 污水处理厂拥有出色的专业工作团队，其员工不但能用自己领域的知识和技能完成监督维护工作，还活跃在社会公共领域。

推动 Strass 污水处理厂发展的两个主要因素是：降低自身运行成本和减少温室气体排放。从法规政策层面来看，奥地利鼓励污水处理厂成为绩效评估体系的一部分，这些评估结果会被用于奥地利相关法规政策的制定。参与绩效评估体系的污水处理厂将提交各自的数据，与其他污水处理厂进行总体比较。建立绩效评估体系的目的是促进良性竞争。在 1999 年到 2004 年的 5 年间，Strass 污水处理厂的相对能源成本下降了 30%。从组织机构层面来看，绩效评估标准的设立能够明确污水处理厂应该优先发展的领域和项目。同时，Strass 污水处理厂还进一步制定了自己的评估体系，例如在二级处理方面，Strass 污水处理厂就根据 BOD 去除量而不是污水处理量规定了这一过程中应该达到的产能量化标准。这些评估标准都是在为污水处理厂的可持续发展目标所服务。

3.2 美国 Blue Plains 污水处理厂——创新技术应用先驱

位于华盛顿的 Blue Plains 污水处理厂全称为 Blue Plains Advanced Wastewater Treatment Plant，由华盛顿水司 DC Water 运营，是世界上最大的深度处理污水处理厂（见图 3-10），每日处理规模约为 150 万 t，是污水处理厂提标改造案例的典范。

1. 提标改造背景

美国的污水排放标准是根据国家污染排放消减系统（National Pollutant Discharge Elimination System，简称 NPDES）制定的。由于 Blue Plains 污水处理厂需要满足与美国环保署签订的出水总氮（TN）含量降低至 4.7×10^6 lb/ 年的排放要求（约 2.13×10^6 kg/ 年），按其平均处理量 1.4×10^6 t/d 计算，出水 TN 应低于 4.14mg/L，TP 要低于 0.18mg/L。提标改造前的出水 TN 约为 7.5mg/L，因此污水处理厂必须对

图 3-10　Blue Plains 污水处理厂鸟瞰图

处理工艺进行提标改造。提标改造前该污水处理厂采用的处理工艺主要包括：格栅、沉砂池、初沉池、一级曝气池（AB 工艺的 A 段）、二沉池、二级曝气池（硝化池）、三沉池、多介质滤池和消毒处理。

结合原有工艺和提标改造要求进行分析，该污水处理厂当时面临的主要问题有：

（1）原有工艺不含反硝化脱氮工序，导致总氮（TN）的去除率达不到向 Chesapeake 海湾排放的协议要求；

（2）用传统石灰法处理产生的 B 级污泥（Class B），污泥体积较大，质量不高，回收价值有限；

（3）汇入污水处理厂的约 1/3 的污水管网仍是雨污合流，暴雨季节管网系统难以满足输水流量，污水会溢流进入附近水体，导致污染。

2. 解决方案

为了解决上述问题达到提标改造的目标，DC Water 从污水、污泥和管网三个方面都进行了升级改造。

（1）污水处理线的改造

根据工艺存在的主要问题，改造后的污水处理厂工艺流程如图 3-11 所示，改造后的各单元组成为：格栅、曝气沉砂池、CEPT 一级强化处理、初沉池、HRAS 高负荷活性污泥工艺、二沉池、硝化 / 反硝化活性污泥单元、三沉池、多介质滤池和消毒处理。脱氮工艺的改进点在于：在原有硝化池的后端增加反硝化段，形成硝化 / 反硝化活性污泥系统，实现对 TN 的去除。二沉池污水进入硝化／反硝化池，每组反应器有 5 格（见图 3-12），每格均配有搅拌装置，第 1、2、3 格保持曝气进行硝化反应，

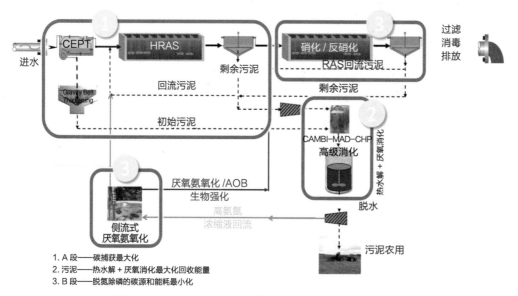

图 3-11　Blue Plains 污水处理厂升级后的工艺流程图

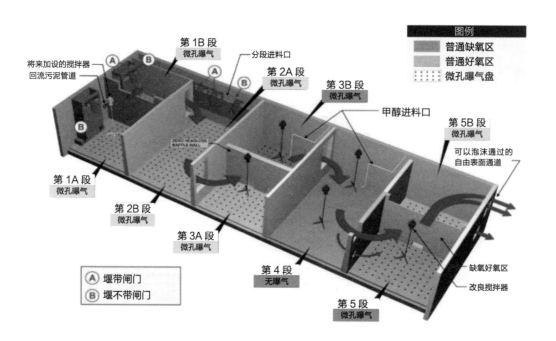

图 3-12　升级的硝化／反硝化反应系统

第 4 格和第 3、5 格的半格仅搅拌，处于缺氧状态，发生反硝化反应，其中在第 3、4 格设有甲醇投加点，作为反硝化碳源，投加量根据原水水质和季节等因素进行灵活控制。反硝化后的混合液进入三沉池进行固液分离，出水先进入到多介质滤池进行过滤，再经次氯酸钠消毒处理，余氯在出水排放之前用亚硫酸氢钠去除。为进一步减少脱氮的能耗和碳源消耗，提高污水处理效率，Blue Plains 污水处理厂已经建成世界上最大的侧流式厌氧氨氧化工艺（DEMON），设计处理能力为每天 200 万 gal（约 7700m³），已于 2017 年 9 月投入试运行。厌氧消化液和压滤机的滤后液混合后进入侧流式厌氧氨氧化系统，侧流式厌氧氨氧化系统能去除系统中约 25% 的总氮。有效降低主流程中的总氮负荷。

该污水处理厂将采用全新的控制技术，解决由于热水解导致的厌氧消化液高 COD 对厌氧氨氧化的抑制，将有效保障侧流式厌氧氨氧化工艺的脱氮效果。在侧流式厌氧氨氧化系统投入运行后，主流程将逐步改造成短程硝化 + 主流厌氧氨氧化脱氮工艺，预计能降低 50% 的曝气量和 75% 的甲醇用量（目前甲醇每日投加量高达 14000gal，约 53t）。届时 DC Water 将成为世界上最大的主流厌氧氨氧化技术应用的先驱。

（2）污泥处理线的改造

在污泥处理部分，DC Water 也对 Blue Plains 污水处理厂进行了一系列改造，其中包括引进污泥热水解技术和污泥资源回用等。

Blue Plains 污水处理厂引入挪威 Cambi 公司的技术，对浓缩后的污泥进行热水解处理，成为北美第一个采用污泥热水解的污水处理厂，也成为世界上最大的污泥热水解装置。项目于 2011 年动工，总投入为 4.6 亿美元。污泥管理计划项目（Biosolids Management Program，简称 BMP）将热水解工艺（Cambi）与厌氧消化相结合，最终将产生的生物固体由之前的 B 级通过石灰稳定处理成 A 级（无病原体）。产生的沼气则用于 13MW 的热电联产供电。该系统为世界上最大的 A 级污泥处理设施。

其中，MPT（Main Process Train）项目包括污泥过筛、污泥浓缩脱水、热水解以及厌氧消化，获得了 2.1 亿美元的资金支持，由 CDM Smith 和 PC Construction 合作完成。DC Water 于 2009 年专门采购了 Cambi 工艺，2011 年开始动工，2014 年 Blue Plains 污水处理厂开始使用 Cambi 污泥热水解系统，是北美首个应用该工艺的污水处理厂。热水解系统设计处理能力为每日450t干污泥，运行温度165℃、运行压力98psi（约676kPa），目前是世界上最大的污泥热水解装置。热水解预处理使得所需的厌氧消化罐的容积缩小了近50%，降低了建设成本。同时，通过设计-建造模式（Design-Build），也增加了整个项目的创新性。

从污水线的初沉池排出的污泥会进行重力浓缩，而从二级处理和硝化／反硝化系统排出的剩余污泥则会经气浮浓缩处理。然后对污泥进行混合并过筛（5mm），减少热水解组件的磨损，保护泵的运行。接着再对污泥进行离心预脱水至污泥含量15%～18%，污泥经预脱水后送至热水解处理装置。经热水解后的污泥，用污水处理厂的出水冷却至42～45℃之后进入4个14500m³的厌氧消化罐进行中温消化（SRT约20d）。该污水处理厂的厌氧消化罐每立方米罐体的产甲烷量约为2.5m³，是传统厌氧消化的1倍多。未来还将加入厨余垃圾，将单位罐体的产甲烷量提高到4m³。Blue Plains共有3台5MW的沼气发电机（见图3-13），日均发电量约为10～13MWh，为污水处理厂提供了30%的电能。

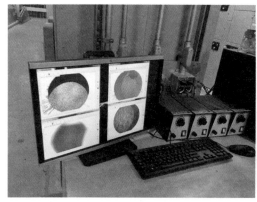

图3-13　厌氧消化罐内部的在线视频监测装置和3台5MW的发电机

通过热水解与厌氧消化等工艺组合，有效提高了厌氧消化效率和沼气产率，并且降低了污泥产量，有利于后续污泥的稳定化和无害化。DC Water花费8160万美元建造了新的污泥脱水设施。该项目建有一座新的三层建筑，可容纳16台新型带式压滤机，并安装了全新的仪器和控制系统。图3-14所示为污泥脱水车间。

图 3-14　污泥脱水车间

Blue Plains 污水处理厂每年可节约近 2000 万美元的污泥处置费用。污水处理厂产生的污泥可达到美国环保署的 A 级标准，能够作为化肥进行土地施用。2016 年 5 月 12 日，DC Water 正式推出了以 "Bloom" 为品牌的污泥化肥产品（见图 3-15），可用于景观美化、土壤修复、园艺、植树等。污泥的资源化和产品化，使其由负资产转化成为正资产，预计每年可为 DC Water 带来 300 万美元的收入。BMP 项目的实施使得温室气体排放量减少了近 40%，为当地居民带来了巨大的福利。

图 3-15　DC Water 正式推出了 Bloom 品牌的污泥化肥产品

为了降低曝气量，并最大化提高进入厌氧消化系统的污泥量。Blue Plains 污水处理厂采用了 Contact Stabilization 污泥富集技术。将曝气的能耗降低了 30%，并将进入消化系统的污泥量提高了 20%。图 3-16 所示为曝气池。

图 3-16　曝气池

（3）管网收集系统的改造

在华盛顿哥伦比亚特区，地下管道溢流进入 Anacostia 河、Potomac 河和 Rock Creek 的污水量达到 9.46 ×10^{6}t/ 年，严重影响着水环境的安全。通过对已有管网的改造，溢流污水量已减少 40%，但为了实现 98% 的收集率，DC Water 河流清洁工程将建造几个地下深层隧道，在暴雨期间储存过量的雨污水，暴雨过后，深层隧道能将雨污水缓慢释放至 Blue Plains 污水处理厂，从而起到雨水调蓄的作用。该项目正在建设中，预计在 2025 年完工。

3. 改造效果

通过增加反硝化工艺，出水已符合当地处理污水后排放要求。年平均值基本控制在以下水平：$BOD_5 \leqslant 5.0mg/L$，$SS \leqslant 7.0mg/L$，$TP \leqslant 0.18mg/L$，$NH_3-N \leqslant 1.0mg/L$，$TN \leqslant 3.0mg/L$，$DO \geqslant 5.0mg/L$，总余氯 $\leqslant 0.02mg/L$，$pH = 6 \sim 8.5$，大肠杆菌 $\leqslant 200$ 个 /100mL。

通过污泥热水解与厌氧消化等工艺的组合，厌氧消化效率和沼气产率得到了显著提高，同时减少了污泥产量，有利于后续污泥的稳定化和无害化。Blue Plains 污水处理厂每年可节约近 2000 万美元的污泥处理费用。污水处理厂产生的污泥可达到美国环保署的 A 级标准，能够作为化肥进行土地施用。2016 年 5 月 12 日，DC Water 正式推出了 Bloom 品牌的污泥化肥产品。污泥的资源化和产品化，使其由负资产转化成为正资产，预计每年可为 DC Water 带来 300 万美元的收入。

合流制管道的截污深层隧道逐步建成后，可有效减少进入到附近河流的污水量。DC Water 正在提议绿色基础设施建设（Green Infrastructure，简称 GI）。GI 系统包含树木、树框、雨水桶、多孔渗水铺路材料和雨水园林等，缓存足够多的雨水使隧道最小化，有利于降低投资。

DC Water 的工程师不断更新污水处理技术，对 Blue Plains 污水处理厂实施持续的创新式解决方案，通过对污水处理、污泥处理和雨污收集系统的提标改造，满足了环境提出的新要求，实现了水质达标、污泥资源化、雨水收集缓存和处理的目标，是城镇污水处理厂提标改造的一个经典案例。Blue Plains 污水处理厂的各改造项目一览图见图 3-17。

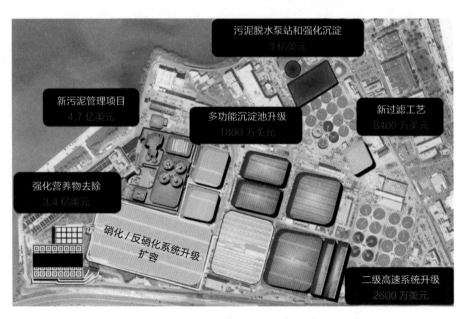

图 3-17　Blue Plains 污水处理厂的各改造项目一览图

3.3 发展中国家的实践——约旦 As Samra 污水处理厂

约旦面临着来自于人口增长、水资源短缺和能源价格上涨的挑战。当地政府意识到应对这些危机必须要污水回用于农业灌溉，并优化能源使用。As Samra 污水处理厂正是为实现这些目标而诞生的（见图 3-18）。这个污水处理厂是集先进的处理技术、可再生能源、技术转移于一体的成功案例，它不仅提高了资源利用率，还为约旦国民未来生活水平的提高奠定了基础。

图 3-18　约旦 As Samra 污水处理厂鸟瞰图

苏伊士环境集团在 2003 年经过激烈的国际竞标获得了该项目的开发权。As Samra 污水处理厂一期工程于 2008 年完工，当时的处理能力为 267000m³/d，可以满足首都安曼及其周边地区 230 万居民的需求。这座极具现代化的污水处理厂替代了原已老旧的稳定塘系统。约旦谷下游农业区的灌溉一直以来都非常依赖回用水，新污水处理厂的建造极大地改善了供应农业区的水质和水量。

不断增长的人口对污水处理厂的处理能力提出了更高的要求。2009 年约旦政府决定扩建 As Samra 污水处理厂。约旦水资源与灌溉部提出了为期 25 年的 BOT 扩建计划。污水处理厂的污水处理能力将提高 37%，达到 364000m³/d，而污泥处理能力将提高 80% 以上。工程从 2012 年 7 月 开始执行，预计 2037 年完工，扩建后的污水处理厂将可以满足安曼及其周边地区 350 万人口当量的需要。

As Samra 污水处理厂是目前约旦最大的污水处理厂，约旦全国 70% 的污水都在此进行处理。As Samra 污水处理厂生产高品质的回用水，符合各项国际出水标准。被用于农业灌溉的回用水占到了约旦全国用水量的 10%，大大缓解了约旦的淡水短缺压力。图 3-19 为 As Samra 污水处理厂工艺流程图。

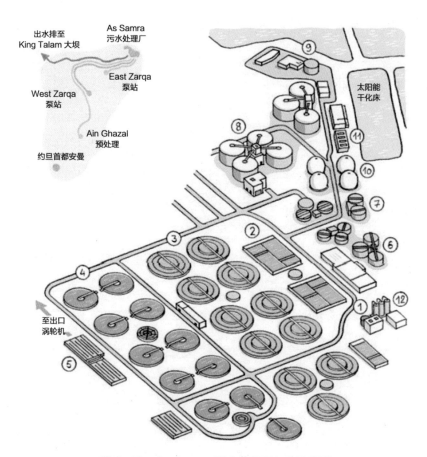

图 3-19　As Samra 污水处理厂工艺流程图

1— 进水口；2— 初沉地；3— 生物处理；4— 二沉地；5— 最终消毒；6— 初沉污泥浓缩；

7— 活性污泥气浮；8— 厌氧消化；9— 机械脱水系统；10— 储气罐；11— 发电装置；12— 臭气控制

在进行污水处理的同时，As Samra 污水处理厂对资源和能源进行了回收和利用，成为世界上最早实现能源高效回收的污水处理厂之一：通过生产水电和沼气，污水处理厂每天可以生产约 230000kWh 的绿色能源，能源回收率高达 90%，仅 10% 的用电需从国家电网中获取;生产可再生能源每年还可以减少 300000t 的碳排放。

原水从位于安曼 Ain Ghazal 的预处理设施流入 As Samra 污水处理厂。安曼的城市海拔高度比 As Samra 污水处理厂所处的位置高 100m,因此污水处理厂在进水口安装了 2 台 875kW 的水轮机,利用水轮机将水流的能量转化成机械能,并最终转换成电能。水轮机可以承受 10% ~ 100% 的设计流量,易于清洗,能够有效抵抗污水中硫化氢的腐蚀并防止混入污水的纤维材料堵塞涡轮。污水处理厂与出水口存在 42m 的高差;经处理的污水流经 3000m 的管道来到安装有 2 台混流式水轮机的出水口,由于此时水中的氯浓度高于普通河水,因此对水轮机进行了抗腐蚀处理。

消化反应器中产生的沼气被储存在四个储气罐中。为了保证电能热能的转化效率,污水处理厂采用了深度监测系统,严格检查控制沼气中硫化氢和甲烷的浓度。一般情况下,净化处理后的沼气中硫化氢含量都低于 500ppm。去除硫化氢等杂质的沼气经过 10 个 1000kW 的热电联产单元被转化成电能和热能,其中热能可以将消化反应器中的污泥维持在 35 ~ 37℃。

水轮机和沼气产生的电能被输入电网中,用于污水处理厂每日运行所需的能源。为了优化能源生产、提高能源使用效率,As Samra 污水处理厂设有监控和数据获取系统以及能量计量仪表,尽可能地减少从约旦国家电网中支取电力,争取实现能源自给。

创新的项目财政运营模式和能源自给的性质降低了处理成本,使出产的回用水价格更加亲民。As Samra 污水处理厂在招聘员工时优先考虑约旦人,为当地创造了很多就业机会。通过培训,员工得以掌握重要的知识技能和经验,确保提供高质量的操作和维护工作。As Samra 污水处理厂项目还对约旦自然生态环境的改善起到了积极作用。由于水质提升,鱼又重新出现在了 Zarqa 河。

3.4 SANI® "杀泥" 工艺:来自香港的因地制宜的创新技术

作为一个严重缺乏淡水资源的海岸城市,香港自 20 世纪 50 年代起,一方面建立长距离供水管道输入东江原水,另一方面开始采用海水冲厕。香港水务署 2014 年的报告显示,香港海水冲厕系统现时覆盖全港 720 万人口中的 80%,平均每天为香港提供

760000m³ 的海水用于冲厕，节省了 22% 的淡水资源。香港 50 年的经验证明海水冲厕基本不造成任何个人和公共卫生不便，采用大管径的水泥防腐管为主干管与小管径的 PVC 支管组成的海水供给管网，其腐蚀问题可以有效解决。与大量水资源节省的成本（海水冲厕能耗不超过海水淡化能耗的 1/50）相比，控制少部分加压管道硫化物产生及污水处理厂设备防腐处理所需要的成本就变得很有限。在此基础上发展的香港国际机场淡水海水中水"三水"供水系统（见图 3-20）节省水资源率达 52%，被《自然》杂志评价为目前最为有效的可持续水资源系统之一。

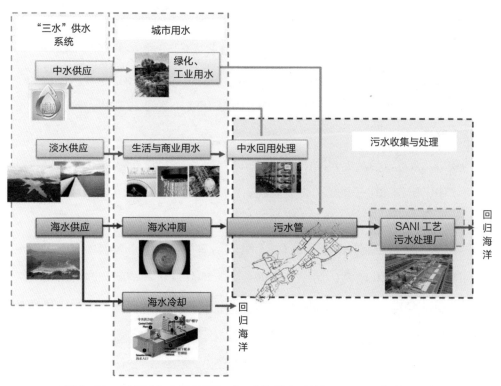

图 3-20　创新城市水循环系统："三水"供水系统与 SANI 工艺联用概念图

由于海水冲厕技术在香港的大规模应用，产生含一定量硫酸盐的高盐城市污水，使得其有机物（COD）与硫酸盐（SO_4^{2-}）的比例为 1.3 ~ 2.4（g COD/g SO_4^{2-}-S），提供了通过硫酸盐还原过程实现快速厌氧去除有机物的可能性。通过受此启发后的文献调查和不断的思索，加上 2002 年荷兰代尔夫特理工大学 Make van Loosdrecht 教授来访香港时的鼓励，香港科技大学陈光浩教授于 2004 年首先提出了基于异养硫酸盐还原（Sulfate reduction）、自养反硝化（Autotrophic denitrification）、硝化反应（Nitrific ation）一体化（Integrated）原创型高盐城市污水处理的新工艺，简称 SANI®™ 工艺，并于 2004 年获得了香港研究资助局的资助。SANI 工艺将以硫酸盐还原菌为基础的高效厌氧技术（水温 20℃，HRT < 4h）引入城市污水处理，同时利用所产生的大量溶解性硫化物（大量硫酸盐还原自动提高反应器 pH 值至碱性水平，使得所产生的硫化氢几乎完全溶解于水）作为取代有机物的电子供体实现后续自养反硝化。SANI 工艺是第一次在城市污水处理中将厌氧除碳反应和自养反硝化有机地连接起来。由于这两个反应过程本身产泥很少，加上产泥又少的硝化反应，理论上实现了污泥源头显著减量（因此 SANI 工艺的中文名也称之为杀泥工艺 ®™）。为了验证这些工艺的特性，陈光浩研究团队于 2003 年开始小试，2010 年完成中试，2015 年完成第一个日处理 1000t 的示范工程，现正在进行 SANI 工艺优化设计后的 1000t 示范工程。

1. 基本原理

如图 3-21 所示，与基于碳氮循环的活性污泥法工艺相比，SANI 工艺巧妙地利用了含盐污水中的硫作为电子载体（供受兼用），在碳氮循环中引入了硫循环。它通过生物厌氧硫酸盐还原过程将污水中的有机污染物氧化并产生碱度，使得大量（90%）的电子通过异化代谢途径流向溶解性硫化物（HS^-、S^{2-} 等）留在水中。由于仅有少量（10%）的电子流向同化代谢，污泥产率就被大大地降低了。与此同时，载有大量电子的硫化物并未完成使命，如就此排放，就又回到了 COD 的形式，等于未处理。因此必须让它们进入缺氧反应器为自养反硝化提供电子源，将硝化过程产生的硝酸盐氮转变成氮气，从而实现生物脱氮，并将其自身氧化回硫酸盐。由于大量的电子流向生物脱氮加上高效自养反硝化和低产 N_2O 温室气体等特性，消除了现有以异养反硝化为手段的生物脱氮瓶颈，也为低碳氮比的污水生物脱氮提供了解决方案。通过硫循环，SANI 工艺不仅降低了 COD 去除过程中的能耗，并通过硫酸盐还原（厌氧）、自养反硝化和硝化（自养）三种污泥产率均非常低的生物化学反应，实现了剩余污泥源头减量。基于化学反应计量方程的推算，SANI 工艺整体污泥产率理论值可以低至 0.04（gVSS/gCOD$_{去除}$），为现行活性污泥工艺的十分之一。

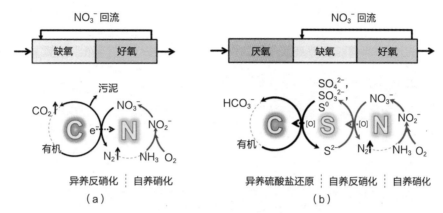

图 3-21 传统生物脱氮工艺和 SANI 工艺的比较

（a）传统生物脱氮工艺；（b）SANI 工艺

2. 发展过程

陈光浩团队在完成了一系列前期探索工作后，在 2004 年至 2008 年期间，对 SANI 工艺进行了连续运行 500 多天处理人工模拟高盐生活污水的实验室小试，验证了这套创新工艺的可行性。结果十分理想，COD 和 TN 平均去除率分别达到了 95% 和 74%，无须排泥。

随后在 2008—2010 年，该团队又设计、安装和调试了每天处理水量 10t 的 SANI 工艺中试示范系统（见图 3-22），进行了连续稳定处理香港东涌泵站实际含盐污水 225d。中试结果不仅保证了较好的 COD 和 TN 去除率，同时也得出污泥产率仅为 0.64kg TSS/d，实现了污泥减量 90%。以中试试验结果估算，与传统活性污泥法加污泥消化系统的工艺相比，SANI 工艺可以节省能耗 35%，减少温室气体排放 36%。

图 3-22 SANI 工艺中试示范

2013—2015 年在沙田污水处理厂展开的大型示范试验（见图 3-23），平均每天处理 1000t 实际污水，示范结果显示系统的 COD 和 TN 去除率高达 80%，生物处理过程中污泥减量达 70% 左右。高效混凝沉淀技术处理生物处理单元出水的示范显示，污水中 75% 的总磷可以被去除，同时其用地与传统沉淀池用地相比减少 70%。

图 3-23　SANI 工艺大试示范

3. 工艺适用性

SANI 工艺的发明源于海水冲厕在香港的大规模应用，利用海水中的硫酸盐作为电子载体，实现碳、氮污染物的低能耗去除，并大大减少污泥产量。虽然海水冲厕技术尚未在国内外大规模应用，但通过简便的工程手段向沿海地区现有污水处理厂引入少量海水，就可改造成 SANI 工艺。除海水外，硫酸盐还可以从其他廉价来源中获得，如酸性矿山废水、纸浆废水、烟气脱硫废液、高盐地下水等。通过上述特殊含硫废水与生活污水的一体化处理，便可以把此项以硫为电子载体的污水处理新技术，推广到无论是沿海城市还是内陆地区。当然在这些应用过程中，必须仔细控制硫酸盐的投加量，避免过高的硫酸盐会对受纳水体造成不良影响（不包括海洋的直接排放）。一般而言，只要保持出水硫酸盐的浓度低于饮用水标准，即低于 250mg/L 就可以。因此利用 SANI 工艺处理大部分生活污水是可行的。

3.5　磷资源回收——荷兰 Olburgen 污水处理厂

位于荷兰的 Olburgen 污水处理厂是资源回收方面的成功范例。该污水处理厂的末端产品是鸟粪石化肥。除了对技术的应用，Olburgen污水处理厂广泛的合作伙伴关系也值得关注。

Olburgen污水处理厂主要处理附近工厂产生的排放水和工业污水。在排放到下游污水处理厂之前，排放水和工业污水均分别有预处理。排放水来自一家污水处理厂，而工业污水则来自Aviko公司的马铃薯加工厂。Aviko是当今世界第四大马铃薯加工企业，其每年会加工120万t马铃薯。马铃薯加工厂产生的污水含有蛋白质、淀粉以及相当于16万人口用量的磷。特别是马铃薯皮中含有大量可以被回收的磷酸盐。与传统处理工艺相比，建立两个独立的处理厂进行污水处理是最节约成本和能源的方式。这种模式是通过荷兰水理事会（Waterboard）和其下属经营污水处理厂的荷兰公司Waterstromen BV之间的公私合作来实现的。污水厂由帕克（Paques）公司设计，该工程于2006年完工。

图3-24是Olburgen污水处理厂的工艺流程。污泥消化液与经UASB反应器处理过的马铃薯加工厂污水混合后进入Phospaq™反应器。马铃薯加工厂从1982年就开始应用UASB技术，这一技术可以通过厌氧反应去除污水中大部分的有机物。但出水中仍含有大量的磷和氨氮，它们将分别通过Phospaq™技术和厌氧氨氧化技术被去除。Phospaq™技术可以去除80%的磷，而厌氧氨氧化技术的氨氮去除率可以达到90%。这是世界上第一次将Phospaq™技术和厌氧氨氧化技术结合应用到项目中。

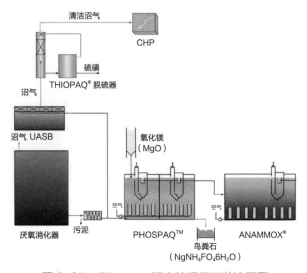

图3-24　Olburgen污水处理厂工艺流程图

在 Phospaq™ 反应器中添加氧化镁可以促进磷酸铵镁（俗称鸟粪石）的形成。接下来增加曝气量，曝气系统能更有效地完成原料混合，并且能够增强对二氧化碳的去除，这一步骤对鸟粪石的形成至关重要。二氧化碳的去除率和鸟粪石的形成能力很大程度上取决于镁离子、氨氮和磷酸盐的浓度以及水的 pH 值。Olburgen 污水处理厂现在每天可以生产 1200 多 kg 鸟粪石，平均年产量约为 400t。鸟粪石的平均颗粒大小为 0.7mm，末端产品被用于生产农业化肥，并在高尔夫球场等草地进行施用。

在厌氧氨氧化反应器中，通过结合硝化反应和厌氧氨氧化细菌的作用，水中的氨氮被转化成氮气。为了获得所需的水质，会在曝气过程中对曝气量进行调节。反应器的出水被输送到污水处理厂进行进一步处理，以满足排放标准。

除了鸟粪石，Olburgen 污水处理厂还能够生产能源。在 UASB 反应器中，大部分的有机物被转化成沼气。通过 Thiopaq 工艺去除沼气中的硫化氢，这样就可以获得清洁的沼气和硫磺。硫磺可以用于生产化肥，而去除了硫化氢的沼气能够在热电联产（CHP）单元中使用。一部分产能还被输送到 Aviko 马铃薯加工厂被加以利用。

和相关方建立伙伴关系对污水处理厂实现资源回收起到了很大作用。运营 Olburgen 污水处理厂的 Waterstromen BV 公司和荷兰水理事会成功开展了公私合作（PPP）。此外，Waterstromen BV 公司还和与市场相关联的其他处理厂建立伙伴关系。产品的再销售由第三方完成，如 Melspring International B.V. 公司。Olburgen 污水处理厂生产的化肥不光含有磷酸盐，还含有氮和很多其他矿物质。另外，Olburgen 污水处理厂生产的磷酸盐在欧洲以 Vitalphos 的名字注册了专利商标。在 2014 年 5 月，Waterstromen、Melspring International B.V. 和 Lumbricus 三家公司合作，推出了名为 Marathon Vitalphos 的品牌化肥（见图 3-25）。并且他们通过添加其他天然原料对干燥鸟粪石进行了升级。Vitalphos 牌化肥的其中一个销售方向是供给 Melspring International Ltd 的子公司 Green Care。

图 3-25　磷肥外包装

除了广泛的合作关系，对相关技术的结合应用也是 Olburgen 污水处理厂能在资源回收方面取得成功的重要因素。通过采用厌氧氨氧化和Phospaq™工艺,工厂每年在排放上可以节约150万美元。并且,为了满足不同客户多样化的需求,所销售的化肥中鸟粪石的含量会进行不同的调整。

和很多其他项目一样,降低成本和对环境的影响是这个资源回收项目的两个推动力。例如,最初Aviko公司希望能降低其在排放上的成本。此外,法规政策在项目发展中也起到了重要作用。建立单独的污水处理厂进行升级的主要原因是为了达到欧洲水框架指令(European Water Framework Directive)中的氮磷排放标准。现在Olburgen污水处理厂能够达到荷兰和欧盟的法规标准。另外,其生产的化肥产品的质量也符合欧洲在化肥方面的法律要求,例如,鸟粪石中的重金属含量比欧盟的相关标准低20倍。而且,鸟粪石化肥的生产商引以为傲的是他们从荷兰本土回收了资源,而不是在世界其他需要长途运输的地方开采不可再生的磷资源。

3.6 综合资源回收典范——丹麦Billund生物精炼厂

一些处理厂关注于单一资源的回收,但是也有一些处理厂在一开始就通过综合方法来回收多种资源。比如位于丹麦的Billund生物精炼厂(BioRefinery),可以生产三种产品:清洁水、有机肥料和生物沼气。

这个项目是通过多家企业机构的合作实现的。主要的执行公司是Billund Vand A/S公司和威立雅水技术公司旗下的Krüger A/S公司。其他合作伙伴包括丹麦环境部和丹麦水科技发展基金(VTU)。丹麦政府和VTU为项目提供了1500万丹麦克朗。项目的前期设计是在2013年秋天进行筹备的,2014年8月开始了实际施工。Billund生物精炼厂对丹麦Grindsted污水处理厂进行了升级改造,并在2017年6月投入运行。

Billund生物精炼厂有两条不同的处理线,一条用于处理污水,一条用于处理生物有机质。因为生物有机质来自于污水处理,所以这两条处理线将协同工作。有机垃圾从农场、居民和工厂中收集而来,包括饭店、屠宰场、餐饮中心和商店;而粪便是由农业收集而来。Billund生物精炼厂每年会处理4200t从污水处理厂产生的有机垃圾和污泥,总处理能力为7万人口当量。混合了不同来源的有机垃圾可以使处理效率更高。

Billund 生物精炼厂的主体流程如图 3-26 所示。

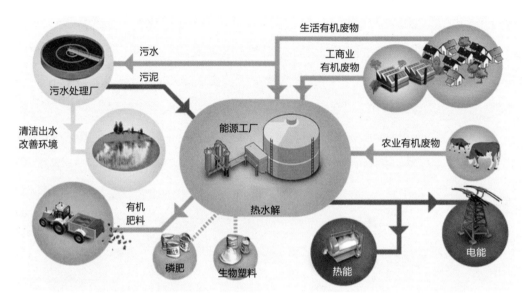

图 3-26　Billund 生物精炼厂的主体流程图

　　有机垃圾会被运到能源工厂进行处理，而生活污水将被输送到污水处理厂进行处理。出水的水质符合丹麦和欧盟法规标准，并被补给到污水处理厂附近的一条河里。处理过程中产生的污泥将继续在生物精炼厂中进行额外处理。

　　能源工厂被认为是项目运行的核心。工厂采用的工艺结合了热水解和厌氧消化，可以使生物沼气的产量提高 30% ～ 50%。这项技术名为 Exelys，Bilund 生物精炼厂是最早大规模应用该技术的工厂之一。Exelys 技术是对厌氧消化工艺的强化，可以处理不同类型的有机物、工业和生活污泥以及油脂。

　　Exelys 技术是一种连续式热水解工艺，可以降低成本和能耗。Exelys 技术和传统的序批式热水解工艺一样有效，但是能耗却更低，可以在厌氧消化系统中有效地增加生物沼气产量和分解污泥。Billund 生物精炼厂把 Exelys 技术和威立雅的专利装置 Digestion-Lysis-Digestion（DLD）结合使用。在用 Exelys 技术进行处理之前，工厂对有机废物进行了预消化和脱水，这种做法可以降低能耗，同时使产能最大化。图 3-27 展示了脱水污泥连续地被泵压入反应器管道中。在反应器中注入蒸汽将污泥加热。污泥持续在反应器中流动时处于压力和高温之下。在进入第二级消化器之前，通过加水，使水解的污泥随后在热交换器中冷却下来。整个过程的末端产品是生物沼气，它将被转化成电力和热能销售给公共社区供暖系统和当地消费者，包括工厂、农场和居民。现在，有700户家庭的电力是他们自己的有机垃圾经处理后生产的，而这个数字在未来预计还会上升。

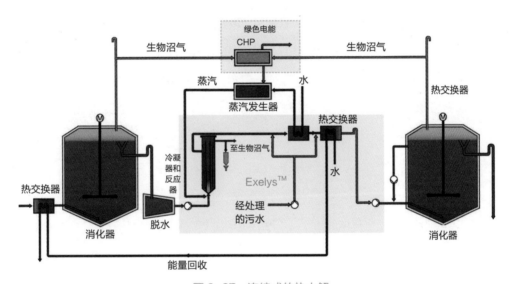

图 3-27　连续式的热水解

DLD 装置被证明可以增加 50% 的生物沼气和电力产量，减少 30% 的最终污泥产量。工厂的产能已经超过了其在处理垃圾和污水时的能耗。

除了前面提到的一些技术，Billund 生物精炼厂还利用厌氧氨氧化细菌把有机物中的氮转化成氮气。通过在移动床生物膜反应器（MBBR）上使用 AnitaMox 工艺来处理氨氮负荷很高的离心机排放水；利用传统的亚硝酸盐生成菌和特定的厌氧氨氧化细菌，好氧和厌氧工艺在这个过程中被结合使用。整个过程的氨氮去除率可以达到 80% 以上。

除了生物沼气，Billund 生物精炼厂的另一个末端产品是含有生物固废和污泥中营养物质的有机肥料。工厂还在进一步探索生产有机塑料的可能性。另外一种发展方向是将产生的甲烷和氢气用于制造燃料电池和车用生物燃料。

除了在资源回收方面进行整体考虑，综和全面的方法对运行操作也是至关重要的。通过持续的运行和维护来达到最佳表现。利用智能软件系统 STAR Utility Solutions™ 对整个生产和管理过程进行监管。这个智能软件系统可以确保工程采用最优方式处理污水，尽可能地减少能源和化学品的使用，并且可以优化产能。

丹麦政府预测 Billund 生物精炼厂将在本国和国际上开启资源回收的新阶段。和很多其他项目一样，Billund 生物精炼厂也离不开相关方的协同合作。生物精炼厂处理的有机垃圾一部分是从居民中收集而来的，这就需要人们对他们的垃圾进行合理分类。生物精炼厂也从当地的主要工厂收集垃圾，因此也和相关工厂开展了合作。Billund 生物精炼厂在项目运营中考虑各相关方的利益需求，希望能够实现共赢。此外，Billund 生物精炼厂也邀请学术部门的加入，欢迎博士后到工厂开展研究工作。在法规和政策方面，Billund 生物精炼厂将满足当地设立的所有标准，而这些标准和相关的丹麦国家法规相比更为严格。

3.7 世界上最大的污水营养物质回收系统——芝加哥 Stickney 污水处理厂

芝加哥大区污水管理局（Metropolitan Water Reclamation District of Greater Chicago，简称 MWRD）的服务人口超过 1000 万人。芝加哥作为世界级的大都市，对芝加哥河和周边水系的保护一直备受关注。近些年，大量的磷破坏了芝加哥地区的饮用水安全和水系生态平衡：在 2014 年，芝加哥附近的 Toledo 市居民曾因为蓝藻污染两天无法正常使用自来水；位于芝加哥下游的墨西哥湾形成了一个数千平方英里的磷污染水域，那里蓝藻丛生，鱼类、乌龟、海豚等海洋生物无法在那里继续生存。

基于这种情况，芝加哥的污水处理也受到了联邦和州政府的重点监管，出水排放标准一直在不断提高，其中磷排放限值提升到了 1.0mg/L。愈发严格的出水排放标准，加之 MWRD 的污水处理设备长期以来积累了大量鸟粪石形态的矿物质附着物，对管道和设备造成了破坏，MWRD 决定对其管理的位于伊利诺伊州 Cicero 市的 Stickney 污水处理厂进行改造，建立新的磷管理系统以应对这些挑战。

Stickney 污水处理厂是世界上最大的污水处理厂，目前每天最多能处理约 529 万 m^3 污水，每天的实际污水处理量约为 270 万 m^3，人口当量约 450 万，服务区域包括芝加哥中心区和 43 个郊区社区的 260 平方英里（约 673km^2）面积。MWRD 在 2013 年底与 Ostara 和 Black&Veatch 签订了合作协议，为 Stickney 污水处理厂设计和建造营养物质回收系统，以提升芝加哥饮用水水源的水质，保护当地的河流湖泊，并同时帮助污水处理厂提高资源利用率和降低投资运营成本。

Stickney 污水处理厂磷回收项目总投资约 3100 万美元，已于 2016 年 5 月正式投入使用，是目前世界上最大的营养物质回收系统。在 Stickney 污水处理厂营养物质回收系统改造项目中，Black&Veatch 提供设计、采购和建造方面的服务。而 Ostara 在资源回收管理上的表现得到了 MWRD 的认可，并负责为污水处理厂提供营养物质回收系统的技术和设备支持（见图 3-28），以及在项目完工后继续在系统运行和维护上提供帮助。该系统预计将帮助 Stickney 污水处理厂减少 30% 的磷排放，并且每年可以生产 1 万 t 鸟粪石化肥，其每吨价格可达到 400 美元，除去项目成本，MWRD 将得到每年 200 万美元的投资回报。

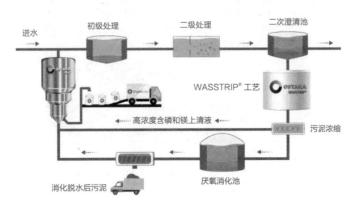

图 3-28　Ostara 公司为 Stickney 污水处理厂营养物质回收系统提供技术支持

负责营养物质回收系统技术支持的 Ostara 公司总部位于加拿大温哥华，其专注于帮助污水处理厂实现营养物质回收和资源产品化。其营养物质管理方案能够使污水处理厂在处理污水的过程中有效回收氮磷等营养物质，并将其加工成为高效环保的生态化肥产品，使有可能破坏生态环境平衡的氮磷等营养物质进入健康可持续的生态循环之中。这种方式不但能帮助污水处理厂更好地达到排放标准，提高出水水质，而且通过资源回收实现了减少能耗、降低运行和生产成本的目标。

Ostara 的营养物质回收系统目前在北美、英国、荷兰等国家和地区的污水处理厂中使用。

1. PEARL 工艺

Ostara 目前拥有多项专利技术，能够在经济可行的前提下帮助污水处理厂实现有效的营养物质回收和资源产品化。PEARL 工艺是 Ostara 专门针对鸟粪石的综合性专利解决方案。通过在液化床反应器中控制化学结晶程度，使鸟粪石转化成高纯度的结晶颗粒。将氯化镁、氢氧化钠与蕴含丰富营养物质的进水相混合，混合液随之进入 PEARL 反应器（见图 3-29），在这里将产生形如珍珠的鸟粪石小颗粒，当鸟粪石颗粒的直径达到 0.9 ～ 3mm 时就可以用于生产化肥。

图 3-29　Ostara 反应器

PEARL 工艺可以帮助污水处理厂取得高达 85% 的磷去除率，还能去除污泥脱水消化液中 40% 的氨氮负荷。同时，污水处理厂还实现了营养物质回收和资源产品化，其生产的化肥以 Crystal Green 品牌进入市场（见图 3-30），得到了用户的认可。与传统的化肥只有在经过灌溉或有水的情况下才会释放营养成分的特点不同。Crystal Green 牌化肥可以直接根据植物根部的需求在整个生长季节稳定持续地释放磷、氮、镁等营养物质，同时防止因雨水冲刷等因素造成的营养物质流失，有效地促进农作物生长和成熟。

图 3-30　Ostara 生产的鸟粪石化肥 Crystal Green

2. WASSTRIP 工艺

Stickney 污水处理厂营养物质回收项目中的另一项重要专利技术为 WASSTRIP（见图 3-31）。该工艺能够使厌氧消化罐中污水里的磷直接释放出来，并直接进入 PEARL 反应器中参与磷回收反应，极大地提高了磷的总体回收率。鸟粪石经常会形成并附着在设备上，堵塞管道、阀门等设施，长期下来会严重影响污水处理厂设施的正常运行，因此污水处理厂常常会为清除鸟粪石和维护设备而花费大量资金。

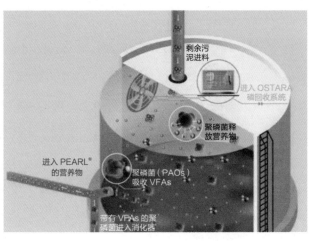

图 3-31　WASSTRIP 工艺示意图

WASSTRIP 工艺能使污水中的磷绕开消化罐直接进入 PEARL 反应器中，从而避免了鸟粪石附着堵塞消化罐。在应用 WASSTRIP 工艺后，消化罐中的鸟粪石形成率降低了 90%，这对污水处理厂的稳定运行和成本控制是十分有利的。

同时，WASSTRIP 工艺能提高脱水效率，减少了高达 25% 的污泥产量，大大降低了运输和处理污泥的成本。并且，WASSTRIP 工艺还能降低污泥中的磷 / 氮比，使污泥更适合于土地施用。

3. 污水资源化带动可持续发展模式

著名的污水处理专家 James Barnard 是 Stickney 污水处理厂营养物质回收项目的咨询专家。James Barnard 是李光耀水奖得主，被誉为营养物质生物去除法之父，其研发的营养物质去除工艺在全世界很多污水处理厂得到了应用。他表示，磷对农业生产至关重要，几乎所有农作物的生长都离不开磷。但是大量的磷却能对水质和生态系统造成严重的负面影响。芝加哥 Ostara 营养物质回收项目通过建立新的营养物质回收系统，污水中的磷、氮等得以转化成化肥，以有利于环境的形态进入自然生态系统循环之中，保障了饮用水安全和流域健康；而磷化肥使污水中的资源得以产品化。芝加哥大区污水管理局的营养物质回收项目很好地展示了如何利用新技术将传统的污水处理厂转变成资源回收中心，并且对下游的密西西比河和墨西哥湾产生环境正效益。

3.8 厌氧氨氧化能显著创造价值——纽约的案例

纽约环境保护局（New York City Department of Environmental Protection）负责纽约 14 座污水处理厂的运营。然而，其中只有 8 座污水处理厂有污泥脱水设备，其余 6 座污水处理厂的污泥要用船或者管道运到有污泥处理设施的污水处理厂进行处理。为了解决长岛湾和牙买加湾受纳水体溶解氧不足的问题，纽约环境保护局设立了一个长期的氨氮控制项目（Long Term nitrogen Control Program，简称 LTCP），对其污水处理厂的脱氮工艺进行升级改造。

他们在过去已经对现有的分段进料活性污泥工艺进行了改造，包含串联若干段 A/O 区来实现氮的去除。但是，经过脱水处理的消化污泥浓缩液仍含有大量氨氮，在一些污水处理厂的浓缩液中氮占总氮的比例高达40%。对这部分滤出液作单独处理比与进水进行混合后处理更经济实惠，而短程硝化脱氮工艺比传统的硝化/反硝化更节省成本。

就此，纽约环境保护局对三种侧流脱氮工艺进行了对比研究：

（1）传统脱氮工艺，配有碱度和碳源控制的串联式缺氧/好氧工艺：测试污水处理厂为Hunts Point、Bowery Bay和26th Ward污水处理厂；

（2）全尺寸的SHARON（短程硝化/反硝化）工艺：测试污水处理厂为Wards Island污水处理厂；

（3）单阶部分亚硝化/厌氧氨氧化（PNA）加MBBR工艺的中试反应器：测试污水处理厂为26th Ward污水处理厂。

中试研究由纽约城市学院的团队执行。

纽约第26区污水处理厂（26th Ward）位于纽约的布鲁克林区。它的污泥脱水设备处理来自其他污水处理厂的污泥，经离心机处理后，压成泥饼，并产生浓缩液，后者的日产量约为4920m³。污水处理厂把这些浓缩液导入一个出水井，加入氯化铁和稀释用水后除磷，以防止鸟粪石结晶的形成对下游管网、反应器和设备等造成损坏。纽约第26区污水处理厂概况见表3-1。

纽约第26区污水处理厂概况　　　　　　　　　　　　　　　　　表3-1

投产年份	1944年
处理能力	321759m³/d（84MGD）
污泥脱水	有，并处理来自Coney岛和Jamaica污水处理厂的消化污泥
服务人口	283428人
接收水体	牙买加湾
管网面积	23 km²（5907 acres），布鲁克林的东部地区，靠近牙买加湾
员工数量	约100人

1. 传统的脱氮处理

传统的生物脱氮处理包括氨氮氧化成硝态氮，然后硝态氮还原成氮气。硝化需要大量的曝气和投加碱来控制 pH 值，另外反硝化也需要外加碳源。

在 2000 年，第 26 区污水处理厂的 3 号曝气池专门用于处理消化污泥浓缩液，采用的是传统硝化/反硝化工艺。该曝气池被划分成几个缺氧和好氧区，并充分利用消化浓缩液的出水温度提高反应效率。氢氧化钠被用作调节碱度的化学品，使 pH 值维持在 7.2 ~ 7.8 的水平。1、2 号曝气池用于处理初沉池的出水。三个曝气池都接收回流剩余污泥，包括 3 号池的硝化出水，来实现 1、2 号池的硝化菌的生物强化。甘油是他们选择的外加碳源。尽管化学品和碳源的投加大大增加了运行成本，但污水处理厂的脱氮效果也是很显著的，脱氮率提高了 79%。

2. SHARON 工艺

SHARON 是 Single reactor High activity Ammonia Removal over Nitrite 的简称，是由荷兰代尔夫特理工大学在 1997 年研发的一种生物脱氮技术。它是一种亚硝化脱氮工艺，其原理是在单个反应器内，在有氧的环境下，自养型亚硝化细菌将氨氮转化为亚硝态氮，然后在缺氧条件下，异氧型反硝化细菌以有机物作为电子供体、亚硝态氮作为电子受体，将亚硝态氮转化为氮气。与传统 BNR 相比，SHARON 的曝气量减少 25%，碳源量减少 40%，污泥产量减少 30%，温室气体排放量减少 20%。

作为 LTCP 脱氮项目的一部分，纽约环境保护局在 Wards Island 污水处理厂建造了世界上最大规模的 SHARON 反应器，该污水处理厂也是纽约市最大的污水处理厂之一。

这个反应器的设计处理能力为 7000m³/d，总氮负荷为 5000kg/d，总无机氮去除率为 85%。反应温度为 35℃，虽然稍高于浓缩液的出水温度，但因为 SHARON 工艺本身是一个放热反应，所以加上适当的冷却设施，它能够产生足够的热在全年维持稳定的运行温度。

3. 部分亚硝化/厌氧氨氧化（PNA）工艺

厌氧氨氧化细菌在厌氧条件下，利用硝态氮作为电子受体，能将氨氮直接转化成氮气。PNA 工艺只需要氨氧化细菌氧化 50% 的氨氮，剩下的工作就交给 Anammox 菌来完成，最大的理论脱氮率能达到 89%，剩下的 11% 生成硝态氮。

由于 Anammox 菌生长速度慢，而且产泥量低，所以启动时间较长。为了更好地积累生物质，第26区污水处理厂的PNA中试试验采用MBBR和PNA结合的方式，结果显示只需很少的碱度调节就能实现80%～90%的脱氮率。该工艺对纽约市有巨大的潜在价值。

4. 结果对比

（1）占地面积

表3-2对三种工艺的单位体积负荷率和去除率进行了比较。PNA工艺在单位处理量和占地面积方面优势明显。

传统BNR工艺与SHARON和PNA工艺的负荷率和去除率对比　　　　表3-2

工艺	日期	规模（m^3）	负荷率 [kgN/（$m^3\cdot d$）]		去除率 [kgN/（$m^3\cdot d$）]	
			平均值	标准差	平均值	标准差
第26区污水处理厂传统BNR工艺	2015年1月～2015年12月	18900	0.125	0.03	0.08	0.03
Wards Island污水处理厂SHARON工艺	2015年1月～2016年12月	8050	0.25	0.10	0.22	0.10
第26区污水处理厂PNA中试	2013年7月～2014年7月	6.0	0.46	0.15	0.28	0.10

（2）成本估算

传统的脱氮处理、SHARON工艺和部分亚硝化/厌氧氨氧化（PNA）工艺都是可行的脱氮技术，并在世界各地的许多污水处理厂得到实践。前两者正在纽约市的污水处理系统中顺利运行。但是，在污水处理厂日渐被视作资源回收厂的今天，大家越来越重视工艺选择和运行的能耗效率——大家都把目标瞄准能源平衡甚至能实现额外产能的污水处理厂。而PNA工艺跟这个框架目标相匹配。报告团队根据污泥浓缩液性质，参考2012年投加的氢氧化钠和甘油的实际价格，在80%的脱氮率的条件下，对三种脱氮工艺进行了成本分析，分析结果见表3-3。

三种脱氮工艺的运行和投资成本比较　　　　表3-3

工艺（脱氮率80%）	规模（m^3）	流量（m^3/s）	甘油用量（$/年）	碱费用（$/年）	风机能耗（$/年）	合计成本（$/年）
传统BNR	18900	0.057	1367800	783150	315360	2466310
SHARON	8050	0.057	794380	414000	236700	1814230
PNA	5480	0.057	0	409000	156220	565220

分析结果显示，要实现总无机氮 80% 的去除率，传统硝化反硝化 / 工艺和 SHARON 工艺的年费用约为 250 万美元和 180 万美元，而 PNA 只需要 57 万美元！

接着，研究人员又分析了单位重量氮的去除成本（见表 3-4），PNA 的成本依然远低于前两者（约为 SHARON 的 65%，传统硝化 / 反硝化的 35%）。

三种脱氮工艺去除单位重量氮的成本对比 表 3-4

工艺	规模（m^3）	脱氮率	外加碳源（\$/kg）	投碱（\$/kg）	能耗（\$/kg）	总费用（\$/kgN）
传统 BNR 外加碳源：甘油	18900	80%	2.36	0.82	0.44	2.93
SHARON 外加碳源：甘油	8050	80%	1.37	0.59	0.24	1.59
PNA 无需外加碳源	5480	80%	0	0.88	0.15	1.04

上述对比结果清楚显示 PNA 工艺能以远低于其他脱氮工艺的成本，提供相同甚至更好的脱氮效果，这意味着节省下数百万美金。研究团队举例，处理 5000m^3/d 的浓缩液，即使去除率仅为 70%，与传统脱氮工艺相比，PNA 工艺每年就能节省 110 万度电、2000t 甘油，减少 2600t 二氧化碳的排放，总节省成本为 220 万美元。

如果纽约市最终采用 PNA 工艺作为主要的脱氮工艺，那么在未来几十年，纽约市污水处理所需的曝气量将减少 60%，污泥产量减少 90%，化学品投加量减少 50%，而且不再需要外加碳源。世界之都纽约是否会在水处理领域率先迈出这引领世界的重要一步？我们放眼等待。

3.9 嵌入式热水解工艺——英国泰晤士水务中试案例

热水解（Thermal Hydrolysis Process，简称 THP）是近年来污泥处理领域的热词之一，THP 作为厌氧消化（Anaerobic Digestion，简称 AD）的预处理工艺，具有几个显著特点，例如可以产生 A 级污泥、提高后续厌氧消化工艺处理能力、提高沼气产量等。THP 工艺的形式有很多种，目前应用最广泛的是 Cambi 工艺，据 2016 年底数据报道，Cambi 工艺在全球有 60 个应用案例。

但是，THP 工艺本身仍然具有一些缺陷，例如 THP 需要高温、高压的环境，必然导致其能耗较高。目前对 THP 工艺的研究主要集中在两个领域：提高沼气产量和降低 THP 能耗。热水解工艺的简化流程如图 3-32 所示。

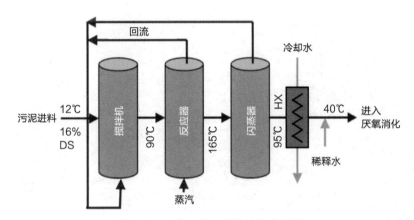

图 3-32 热水解工艺的简化流程图

为改进 THP 工艺，泰晤士水务有限公司（Thames Water Utilities Limited）、英国萨里大学（Surrey University）和 Cambi 公司共同研发了"嵌入式热水解工艺（Intermediate Thermal Hydrolysis Process，简称 ITHP）"，并在英国贝辛斯托克污水处理厂（Basingstoke STP）开展了中试试验。ITHP 的工艺路线是初级 AD+THP+ 二级 AD（所以称为嵌入式热水解工艺）。

该研究将从技术和经济的双重角度对四种工艺进行对比与剖析：ITHP 工艺、只针对剩余活性污泥的 THP 工艺（SAS-only-THP）、传统 THP+AD 工艺、传统 AD 工艺。

1. 中试装置的搭建

ITHP 中试装置搭建于贝辛斯托克污水处理厂污泥与能源研发中心（见图 3-33），工艺路线如图 3-34 所示。T1 和 T2 分别接收不同来源的初沉污泥和剩余污泥，在 T3 进行混合，T4 是初级中温厌氧消化罐，T6 是缓冲罐，T6 接收初级厌氧消化处理之后的污泥，经 T6 缓冲之后进行带式脱水，再进入料斗加水稀释，之后进入 T9（THP 罐），

T10 为释压罐，T11 为储泥罐，经过热水解之后的污泥在 T11 里加水稀释，之后进入二级厌氧消化罐 T5。T4 和 T5 产生的沼气由同一个沼气收集罐进行收集，沼气收集罐采用浮顶罐，以保持罐体内部的气压恒定，如果内部压力过高，多余的沼气会转送到火炬进行燃烧，由气体流量计来监测沼气的总产量。厌氧消化之后的污泥分别通过 Klampress® 脱水机和 Bucher® 脱水机进行脱水。

图 3-33　贝辛斯托克污水处理厂污泥与能源研发中心的 ITHP 中试装置

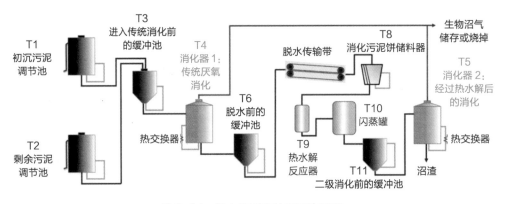

图 3-34　污水处理厂的平面布局图

2.四种工艺的技术与能量流分析

（1）传统 AD 工艺

传统 AD 工艺的消化温度为 37℃，水力停留时间为 20～30d，挥发性固体去除率大约为 40%，沼气产量为 350m³/TDS，脱水后污泥含固率为 20%，之后可外运至农田利用。图 3-35 为传统 AD 工艺的能量流桑基图。

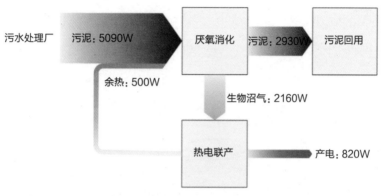

图 3-35　配有热电联产和土地利用的传统 AD 工艺的能量流分析（1kg DS/h）

（2）传统 THP+AD 工艺

传统 THP+AD 工艺的沼气产量约为 450m³/TDS，挥发性固体去除率大约为 60%，经过热电联产（CHP），产生的热量回用于热水解。消化后的污泥经过带式压滤机脱水，污泥含固率可进一步提升至 32%。

传统 THP 工艺需要大约 1.2MPa 的压力，工艺能耗大约为 0.51 ~ 0.53MWh/TDS，其缺点是热电联产产生的热量不足以满足 THP 工艺对热源的需求。图 3-36 为传统 THP+AD 工艺的能量流桑基图。

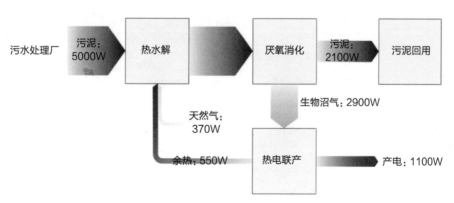

图 3-36　配有热电联产和土地利用的传统 THP+AD 工艺的能量流分析（1kg DS/h）
（电耗输入不显示）

（3）只针对剩余活性污泥的 THP 工艺

SAS-only-THP 工艺中初沉污泥浓缩后直接送入厌氧消化罐。该工艺的优点是热水解罐体积较小，所需蒸汽较少，但同时厌氧消化的效果必然打折。除此之外，为确保杀灭病原体所需的停留时间，厌氧消化罐的结构会略微复杂，甚至需要在厌氧消化罐之后设置一系列小型消化罐，确保实现对污泥的灭菌效果。图 3-37 为该工艺的路线图。

图 3-37　SAS-only-THP 的简化工艺流程图

该工艺的沼气产量大约为 421m³/TDS，挥发性固体去除率约为 54%。污泥经带式压滤机脱水之后的含固率可达 28%。SAS-only-THP 工艺的能量流桑基图见图 3-38。

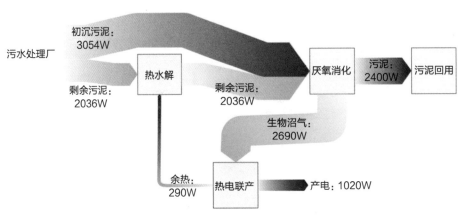

图 3-38　配有热电联产和土地利用的 SAS-only-THP 工艺的能量流分析（1kg DS/h）
（电耗输入不显示）

（4）ITHP 工艺

因为污泥经过初级消化后体量减小，所以该工艺占地只有常规工艺的 2/3，并且由于是两级厌氧消化，因而沼气产量更大，沼气总产量可达到 500m³/TDS，挥发性固体去除率可达到 65%，电能产率为 1200kWh/TDS。产能增加意味着通过热电联产工艺产生的热能将有可能满足热水解工艺本身的热量需求。图 3-39 为 ITHP 工艺的路线图，图 3-40 为 ITHP 工艺能量流桑基图。

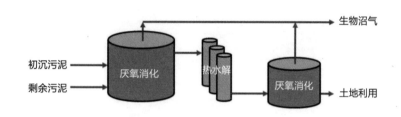

图 3-39　ITHP 的简化工艺流程图

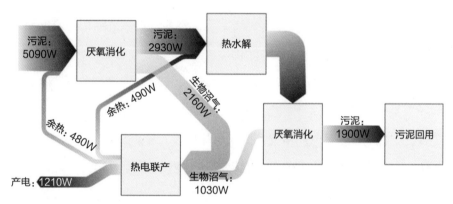

图 3-40　配有热电联产和土地利用的 ITHP 工艺的能量流分析（1 kg DS/ 小时）
（电耗输入不显示）

采用 CAPEX 模型和 OPEX 模型，对 ITHP 工艺的资本性输出和运营成本进行分析比对。ITHP、传统 THP+AD、SAS-only-THP 都优于传统 AD 工艺。相较于传统 AD 工艺，ITHP 工艺的沼气产量增加 10%，净收益可达 17%。

ITHP 工艺的投资回收期最短，只需不到 6 年。传统 THP 工艺和 SAS-only-THP 工艺的内部收益率相同，但由于 SAS-only-THP 工艺的成本略低，所以其净现值相对优于传统 THP 工艺。如果厌氧消化的能力充裕，SAS-only-THP 和 ITHP 工艺的资金回报还能进一步提高。各种工艺的成本对比见表 3-5。

各种工艺的成本对比 表3-5

参数	单位	传统 AD 工艺	THP 工艺	只热水解 WAS 工艺	ITHP 工艺
净 OPEX	£/TDS	−43.16	−15.10	−16.44	14.14
CAPEX	£ 百万	31.1	33.36	32.57	34.96
净现值 NPV$_{20年后}$	£ 百万	14.62	20.30	20.26	26.47
内部收益率 IRR	%	11.0	13.6	13.6	16.3
静态投资回收期	年	8.0	6.8	6.7	5.8

3. 总结

热水解是目前应用最广泛的厌氧消化预处理工艺，但由于高能耗等限制因素，导致其并没有被普遍接受。改进型热水解工艺是目前研究的热点之一。嵌入式热水解工艺（ITHP）、只针对剩余活性污泥的热水解工艺（SAS-only-THP）等都属于改进型热水解工艺。ITHP 工艺和 SAS-only-THP 工艺是通过对系统结构的调整和工艺路线的重置对传统 THP 工艺进行的改良与优化。

ITHP 工艺可以显著提高沼气产量、降低能耗，但 ITHP 工艺需要将 THP 工艺嵌入在两级厌氧消化工艺之间，所以其投资成本相对略高。贝辛斯托克污水处理厂的研究表明，ITHP 工艺的沼气总产量大约为（505±81）m^3/TDS，挥发性有机物去除率为（64±9）%。经过 Bucher® 脱水之后，污泥含固率可达到 44%，都显著高于传统 THP+AD 工艺。泰晤士水务集团目前拥有 9 座 THP 工艺的污泥处理中心，未来有可能逐渐被 ITHP 工艺取代。

SAS-only-THP 工艺的投资成本低于传统 THP 工艺和 ITHP 工艺，但沼气产量也有所降低。如果由于现有设施厌氧消化能力或者资金方面存在限制，SAS-only-THP 工艺也是一个相对合适的工艺选择。

3.10 好氧颗粒污泥工艺的应用案例

针对传统活性污泥法中污泥膨胀导致沉降性能下降这一难题，荷兰 TU Delft 大学的 Mark van Loosdrecht 教授从 20 世纪 90 年代起，就开始研究好氧颗粒污泥技术。

目前，已经有诸多的应用案例证明好氧颗粒污泥技术在很多方面优于传统活性污泥工艺。好氧颗粒污泥优异的沉降性能有益于保持更多的微生物量、更高的微生物浓度、更合理的微生物群落结构、更强的抗冲击负荷能力、显著降低占地面积。荷兰的 DHV（Royal HaskoningDHV）公司，正在以 Nereda 作为技术品牌，对好氧颗粒污泥技术进行商业化推广。好氧颗粒污泥技术的工程化发展历程见表 3-6。

好氧颗粒污泥技术的工程化发展历程　　　　　　　　　　　　　表 3-6

年份	内容
1989	荷兰教授 Mark van Loosdrecht 开始好氧颗粒污泥的基础研究
1991	荷兰以外的团队也开始好氧颗粒污泥研究，例如日本的 Nakamura 等人
1993	荷兰代尔夫特大学（TU Delft）正式立项进一步资助好氧颗粒污泥的研究
1995	荷兰团队实现实验室规模的稳定的污泥颗粒化
1999	TU Delft 与咨询公司 DHV 开始紧密合作
2002	TU Delft 实验室实现稳定的污泥颗粒化及高效的脱氮除磷效果
2002	好氧颗粒污泥通过可行性研究证明了应用潜力
2003	Ede 污水处理厂开始中试研究，TU Delft、STOWA、DHV 开展三方合作
2004	第一座处理工业污水的升级中试示范测试项目在一间奶酪厂进行
2005	中试宣告成功，荷兰正式面向市场推出 Nereda 好氧颗粒污泥技术
2006	Nereda 获得快餐食品行业污水处理项目
2007	成立 Nereda 市政污水研究计划联盟（NNOP），筹划建造市政污水处理厂示范工程计划
2008	Nereda 工艺在南非和葡萄牙开始市政污水处理工程测试
2010	应用 Nereda 工艺的荷兰市政污水处理厂 Epe 开始施工建设（1.500m^3/h）
2013	进军巴西市场，在过去四年里相继进入英国、澳洲和瑞典等国的水务市场
2014	进入爱尔兰市场，并预计于 2021 年建成全球规模最大的好氧颗粒污泥污水处理厂

　　Nereda 工艺的第一个应用是处理荷兰 Smilde Foods BV 食品公司的一家奶酪厂的工业废水。污水反应器由牛奶储罐改造而成，处理规模为 250m^3/d。Nereda 工艺的第一个市政污水应用是在南非的 Gansbaai 污水处理厂。随着该工艺的日渐成熟，目前 DHV 在全球已有 30 多座运营或在建的 Nereda 市政污水项目。设计规模最大的是

为爱尔兰水务公司建造的 Ringsend 污水处理厂改造项目，处理规模为 600000m³/d（2400000 PE），预计 2021 年完工投入运行。在此我们对几座代表性污水处理厂作简介。

3.10.1　南非 Gansbaai 污水处理厂

该污水处理厂是 Nereda 工艺在市政污水领域的第一次应用（见图 3-41），设计规模为 5000m³/d，出水经过消毒后，作为灌溉用水回用。处理效果见表 3-7。

图 3-41　南非 Gansbaai 污水处理厂鸟瞰图

Gansbaai 污水处理厂示范项目的处理效果　　　　　　　　　　　表 3-7

参数	进水（mg/L）	出水（mg/L）	标准（mg/L）	去除率（%）
COD_{total}	1265	40	75	97
NH_4–N	75	< 1	6	> 98
TN		< 10	15	89
TP	19	3.2	10	82
SS	450	< 5		99

3.10.2　荷兰 Epe 污水处理厂

这是 Nereda 工艺在荷兰的第一个全尺寸工程应用，设计规模为 8000m³/d，于 2011 年投产。设计运行温度范围为 8 ~ 25℃。该厂满足荷兰地方出水水质、污泥处理、化学药剂使用以及能耗等方面的所有标准。将砂滤和污泥处理系统计算在内，该厂已经成为荷兰全国能耗最低的市政污水处理厂，并且完全满足荷兰总氮小于 5mg/L、总磷小于 0.3mg/L 的出水浓度限值。已经证明，Nereda 工艺能降低 25% 的投资和运行费用，有更强的抗冲击负荷能力。在 pH 值达到 10 的条件下（如：短期工业污水混入），也能稳定运行。该厂的水质见表 3-8。

Epe 污水处理厂的处理效果 表 3-8

参数	进水（mg/L）	出水（mg/L）
COD	879	27
BOD	333	< 2.0
TKN	77	1.4
NH_4-N	54	0.1
TN		< 4.0
TP	9.5	0.3
SS	341	< 5

图 3-42 的数据表明，即使在平均水温低于 10℃的冬季，Nereda 好氧颗粒污泥系统也能正常平稳的启动。

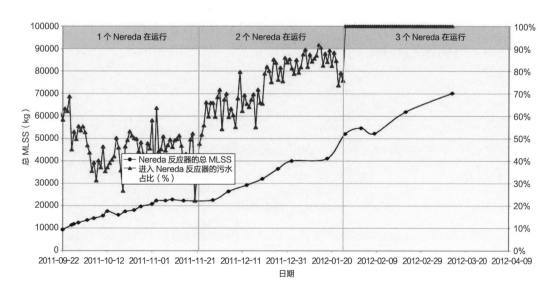

图 3-42 Epe 污水处理厂 Nereda 工艺的启动阶段

（红线是 Nereda 反应器的负荷比，蓝线是 Nereda 反应器的总 MLSS 浓度）

图 3-43 是在冬季期间，启动 Nereda 系统时，出水 N 和 P 的变化。经过近 4 个月的启动达到平稳后，出水中的氨氮和总磷均小于 0.5mg/L。

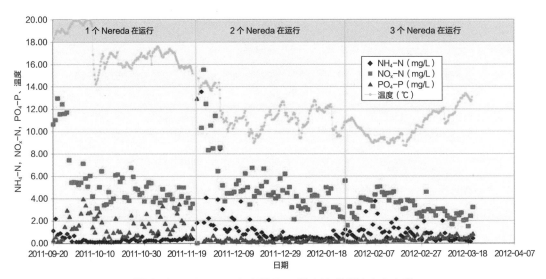

图 3-43　Nereda 启动期 Epe 污水处理厂的出水表现

Nereda 工艺能显著降低能耗。Epe 污水处理厂基于传统活性污泥法的能耗可达每天 3500kWh，而使用 Nereda 工艺后，每日的能耗已经降低到 2000 ~ 2500kWh。

3.10.3　葡萄牙 Frielas 污水处理厂

设计处理规模为 70000m³/d。自 1997 年运行以来，一直为大里斯本地区的 25 万人口提供服务。为了提高运行能力，在 2012 年的改造升级中，将 6 个平行的活性污泥系统之一改造为好氧颗粒污泥 Nereda 工艺，处理能力约 3000m³/d。改造前后对比如图 3-44 所示。

系统由于在冬季开始启动，并且来水中有机物浓度相对较低（COD 小于 300mg/L），系统达到稳定较慢，启动时间相对较长。在成功启动并稳定运行后，Nereda 工艺的 SVI_{30} 约为 40mL/g，SVI_5 小于 60mL/g。颗粒污泥占比 80% 以上，污泥浓度可达 6 ~ 8g/L。相比原传统活动污泥系统，改造后的 Nereda 系统能耗显著降低。图 3-45 中对比了在曝气设备相同的工况下，Nereda 和传统活性污泥法（AS）两套工艺对鼓风机风量的需求。长期的运行结果表明，Nereda 工艺能耗约为 0.35kWh/kg COD，比传统活性污泥法降低约 30%。

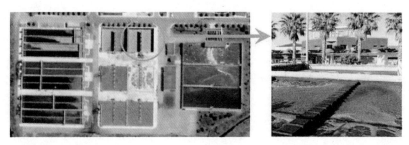

图 3-44　葡萄牙 Frielas 污水处理厂第六反应器 Nereda 改造前后对比

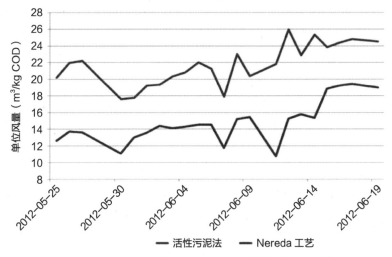

图 3-45　活性污泥法和 Nereda 工艺的单位风量对比

3.10.4　荷兰 Garmerwolde 污水处理厂

Garmerwolde 污水处理厂建于 1979 年，位于荷兰北部的格罗宁根市，目前年处理污水量 2700 万 m^3（约 70000m^3/d），最大处理能力约 11600m^3/h，人口当量约 37.5 万。污水来源主要为市政污水。原工程主体采用两段式活性污泥法，即 AB 工艺，采用化学除磷和硝化反硝化 / 工艺（添加甘油或甲醇作为反硝化的外加碳源）来脱氮除磷。该污水处理厂采用厌氧消化工艺来处理污泥，污泥消化产生的沼气每年产电 0.8MWh，原工艺设计排放标准：总氮（TN）≤ 12mg/L、总磷（TP）≤ 1mg/L，出水排入附近河道（Eemskanaal）。

随着周边地区经济的发展，原处理能力已经不能应对新增的处理量，另一方面，厌氧消化系统除了处理自身污泥外，还处理来自其他污水处理厂的剩余污泥。虽然回收能源能满足厂区 60% ~ 70% 的电耗，余热也能用于维持发酵罐的温度，但也产生了大量的氨氮。据统计，该厂污泥脱水、浓缩等处置环节回流液提供了该厂氮负荷总量的大约 34%。当时的两段式活性污泥工艺不能满足需求，导致现有污水处理设施负荷过大、处理效率无法提升，使得出水不能达到要求，尤其是出水的总氮超标。

由于污水处理厂附近的可用土地有限，同时考虑经济效益等因素，污水处理厂在面对不断增长的污水负荷以及污泥消化液高浓度氨氮的问题时，优先考虑经济、高效、运行稳定、节约占地面积的解决方案。

该污水处理厂的提标改造工作分成了两个阶段进行。第一阶段是在 2005 年，为了减少厌氧发酵产生的氨氮负荷，他们增加了 SHARON 侧流脱氮工艺。第二阶段是在 2013 年，新增好氧颗粒污泥工艺用于解决新增污水处理量的需求。

第一阶段的工程完成不久，该污水处理厂又要应对 TN < 7mg/L 和 TP < 1mg/L 的新出水标准，原有的 AB/SHARON 工艺无法满足此要求，另外 SHARON 工艺依然需要通过外加碳源来完成反硝化，这也是该工艺的一个瓶颈所在。

2012 年 Noorderzijlvest 水委会和工程承包商 GMB/Imtech 以及咨询公司 Witteveen+Bos 对 20 多个工艺方案进行考察评估后，决定对 Garmerwolde 污水处理厂进行升级改造，在原有 AB 法活性污泥工艺基础上新增一条平行处理线，采用当时新研发且成本最低的好氧颗粒污泥工艺，并由荷兰的 Royal HaskoningDHV 公司进行设计，处理能力为 28600m³/d，占全厂进水的 41%，最大处理量为 4200m³/h（见图 3-46）。新增的两个 9500m³ 的 Nereda® 好氧颗粒污泥反应器处理能力约为 30000m³/d（峰值处理能力为 4200m³/h），人口当量 15 万。该项目在 2013 年进行调试，用现有活性污泥工艺的污泥作接种污泥，并在 3 个月的时间内满足设计流量。在启动阶段，出水总氮就已经能满足新出水标准的要求，生物除磷也在 3 个月的时间内生效。

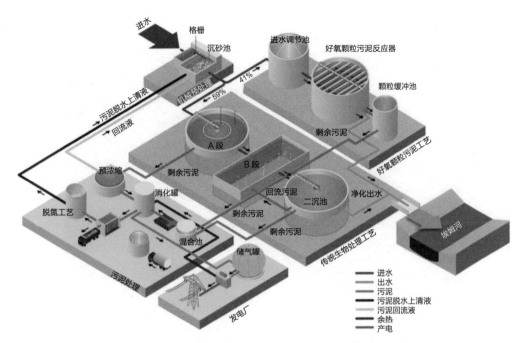

图 3-46 Garmerwolde 污水处理厂升级后的工艺流程示意图

原 SHARON 工艺的氨氮去除率达 95%，曝气能耗减少 25%，碳源投加量减少 40%，污泥产量也减少了 50%，虽然对污泥消化液、浓缩液及污泥干化处理出水等进行了有效处理，降低了主处理工艺的氮负荷。但仅仅依靠 SHARON 工艺无法解决出水 TN 高的问题。

新增的好氧颗粒污泥工艺线，在占地面积远小于原工艺的条件下（见图 3-47），覆盖了目前污水处理厂总处理量的 41%。表 3-9 也显示了好氧颗粒污泥在能耗、脱氮除磷以及污泥产量等方面较 AB 工艺的优势。

Garmerwolde 污水处理厂的运行数据 表 3-9

参数	单位	AB 工艺	好氧颗粒污泥工艺	备注
流量	m³	2902000	1743000	7 周的时间
能耗	kWh	692000	211000	AB+SHARON
污泥	kg	618000	221000	
PAC	kg	28600	0	改善污泥属性
碳源	kg	54000	0	反硝化
Fe	kg	23500		除磷

图 3-47　改造后的 Garmerwolde 污水处理厂鸟瞰图

因为好氧颗粒污泥能实现同步生物脱氮除磷，而且活性污泥浓度高，且沉降性能好，因此其能耗较传统工艺也有优势。有数据显示，原 AB 工艺的能耗约为 0.33kWh/m³（不含污泥处置部分），而好氧颗粒污泥工艺的能耗约为 0.17kWh/m³，同比减少约 49%（见图 3-48）。另外在运营费用方面，该厂好氧颗粒污泥系统建造费用约为 2000 万欧元。原 AB 工艺运行费用约为 0.07 欧元 /m³，好氧颗粒污泥工艺运行费用约为 0.03 欧元 /m³，成本约为前者的一半。

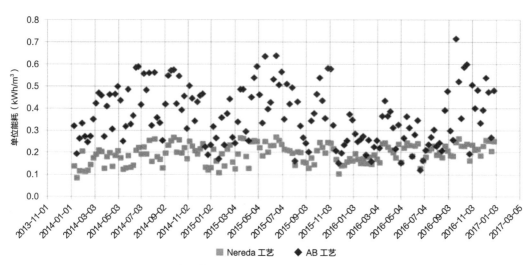

图 3-48　好氧颗粒污泥工艺和 AB 工艺的 4 年能耗表现对比

参考文献

［1］ http: //science.sciencemag.org/content/344/6191/1452.

［2］ http: //58.16.65.217/gydq/gzszjt/upload/20161229/09/fuj1.pdf.

［3］ http: //energy.gov/under-secretary-science-and-energy/downloads/water-energy-nexus-challenges-and-opportunities.

［4］ http: //www.wef.org/AWK/pages_cs.aspx?id=568.

［5］ http: //www.nacwa.org/images/stories/public/2013.

［6］ Michigan's Water Resource Utility of the Future, A Vision for the Transformation of Michigan's Wastewater Industry to Water Resource Recovery Facilities, April 15, 2017.

［7］ http: //m.stowa.nl/publicaties/publicaties/news__the_dutch_roadmap_for_the_wwtp_of_2030.

［8］ http: //www.except.nl/en/projects/175-dnv-waste-water-chains.

［9］ https: //www.thesourcemagazine.org/chinas-new-strategy-to-transform-its-wastewater-market/.

［10］ 付晓天，钟丽锦.污泥资源化的环境—能源—经济效益评估：以湖北省襄阳市鱼梁洲污泥甲烷捕获实践为例.

［11］ http: //www.tjhb.gov.cn/root16/mechanism/development_mana/201701/P020170110619166772757.pdf.

［12］ http: //www.aaees.org/images/e3scompetition/2014gp-research2figure06.jpg.

［13］ Yang F, Kozak J A, Zhang H. Shortcut biological nitrogen removal methodologies: mainstream partial nitritation/deammonification and nitritation/denitritation: A Literature Review. Metroplitan Water Reclamation District if Greater Chicago, 2014.

［14］ Fredericks D, Bott C, Boardman G, et al. Optimization of intermittent aeration for increased nitrogen removal efficiency and improved settling. Virginia Polytechnic Institute and State University, 2014.

［15］ Remy M, Hendrickx T, Haarhuis R. Over a decade of experience with the ANAMMOX® reactor start-up and long-term performance. Proceedings of the Water Environment

Federation, WEFTEC 2016: Session 220 through Session 229: 4393-4405.

[16] Lackner S, Gilbert E, Vlaeminck S, et al. Full-scale partial nitritation/anammox experiences: an application survey. Water Research, 2014, 55: 292-303.

[17] http: //www.sohu.com/a/161814968_698200.

[18] 郝晓地，蔡正清，甘一萍. 剩余污泥预处理技术概览. 环境科学学报，2011，31（1）: 1-12.

[19] Neumann P, Pesante S, Venegas M, et al. Develpments in pre-treatment methods to improve anaerobic digestion of sewage sludge. Reviews Environment Science Biotechnology, 2016, 15（2）: 173-211.

[20] de Bruin, de Kreuk L M M, van der Roest M K, et al. Aerobic granular sludge technology: an alternative to activated sludge? Water Science and Technology, 2004, 49: 1-7.

[21] http: //www.worldwaterworks.com/technologies/indense.

[22] http: //www.waterprojectsonline.com/case_studies/2016/Technology_ReGenerator _2016.pdf.

[23] http: //www.trusselltech.com/uploads/media_items/mbfr-a-new-approach-to-denitrification.original.pdf.

[24] ZeeLung* MABR 膜传氧生物膜反应器（由苏伊士水技术提供）.

[25] ZeeLung* enables increased wastewater treatment capacity in existing footprint.

[26] http: //biomass.ucdavis.edu/files/2015/10/Biogas-Cleanup-Report_FinalDraftv3 _12Nov2014-2.pdf.

[27] http: //waterstarwisconsin.org/documents/Botts_Zakovec.pdf.

[28] http: //pubs.rsc.org/en/content/articlelanding/2013/ee/c2ee22487a#!divAbstract.

[29] https: //pncwa.memberclicks.net/assets/2010ConfTechPresentations/Session19/ 2010%20pncwa-%20session%2019-2%20-%20advanced%20treateament%20-%20 jeff%20mccormick.pdf .

[30] http: //news.wef.org/victor-valley-sets-its-sights-on-energy-neutrality/

[31] http: //www.calrecycle.ca.gov/organics/conversion/ADProjects.pdf.

[32] http: //www.sciencedirect.com/science/article/pii/S1110016815001635.

[33] https: //www.iwapublishing.com/books/9781780407869/innovative-wastewater-treatment-resource-recovery-technologies-impacts-energy.

[34] Lazarova V, Choo K H, Cornel P, et al. Water-energy interactions in water reuse[J]. Nature, 2012, 441（7095）: 880-884.

［35］ Lema, Juan & Suarez, Sonia. (2017). Innovative wastewater treatment & resource recovery technologies: impacts on energy, economy and environment. Water Intelligence Online. 16. 9781780407876. 10.2166/9781780407876.

［36］ Anaerobic Sewage Treatment using UASB Reactors.

［37］ https://courses.edx.org/c4x/DelftX/CTB3365STx/asset/Chap_4_Van_Lier_et_al.pdf.

［38］ https://energy.gov/sites/prod/files/2015/04/f21/fcto_beto_2015_wastewaters_workshop_mccarty.pdf.

［39］ http://electrochemical.asmedigitalcollection.asme.org/data/journals/jfcsau/927101/fc_10_4_041008_f001.png.

［40］ http://www.intechopen.com/books/gasification-for-practical-applications/supercritical-water-gasification-of-municipal-sludge-a-novel-approach-to-waste-treatment-and-energy.

［41］ Xu D, Wang S, Tang X, et al. Design of the first pilot scale plant of China for supercritical water oxidation of sewage sludge. Chemical Engineering Research and Design, 2012, 90 (2): 288-297.

［42］ Tahani G, Seham E. Commercialization potential aspects of microalgae for biofuel production: an overview. Egyptian Journal of Petroleum, 2013, 22: 43-51.

［43］ Liliana D, Filipa L, Behnam T, et al. Nitrogen and phosphate removal from wastewater with a mixed microalgae and bacteria culture. Biotrchnology Reports, 2016, 11: 18-26.

［44］ Kifayat U, Mushtaq A, Sofia Vinod S, et al. Algal biomass as a global source of transport fuels: Overview and development perspectives. Progress in Natural Science: materials International, 2014, 24: 329-339.

［45］ U.S. Department of Energy Office of Energy Efficiency and Renewable Energy Bioenergy Technologies Office. National Algal Biofuels Technology Review. 2016. UNESCOIHE (Institute for Water Education). FIRST INTERNATIONAL SEMINAR On Algal Technologies for Wastewater Treatment and Resource Recovery. 2015. 04. 09.

［46］ Algae for Wastewater Treatment Workshop Proceedings. The Water Environment Federation (WEF), AZ Water Association (AZ Water), and the Algae Biomass Organization (ABO) Presented this Knowledge Development Forum in Conjunction with the 10th Annual Algae Biomass Summit. 2016. 10. 23.

［47］ A thermally regenerative ammonia-based battery for efficient harvesting of low-grade thermal energy as electrical power, DOI: 10.1039/C4EE02824D.

[48] Naghdi F, Gonzalez L, Chan W, et al. Progress on lipid extraction from wet algal biomass for biodiesel production. Microbial Biotechnology, 2016, 9 (6): 718–726.

[49] Sawangkeaw R, Ngamprasertsith S. A review of lipid–based biomasses as feedstocks for biofuels production. Renewable and Sustainable Energy Reviews, 2013, 25: 97–108.

[50] Bhatt N, Panwar A, Bisht T, et al. Coupling of Algal Biofuel Production with Wastewater.

[51] The Scientific World Journal Volume 2014, 210504.

[52] Wu X, Ruan R, Du Z, et al. Current status and prospects of biodiesel production from microalgae. Energies 2012, 5: 2667–2682.

[53] Banerjee C, Dubey K, Shukla P. Metabolic engineering of microalgal based biofuel production: prospects and challenges. Frontiers of Microbiology, 2016, 7 (432) .

[54] Puyol D, Batstone D, Hulsen T, et al. Resource recovery from wastewater by biological technologies: opportunities, challenges, and prospects. Frontiers of Microbiology, 2017, 7 (2106) .

[55] Muller E, Sheik A, Wilmes P. Lipid–based biofuel production from wastewater. Current opinion in biotechnology, 2014, 30: 9–16.

[56] Cea M, Sangaletti–Gerhard N, Acuna P, et al. Screening trancesterifiable lipid accumulating bacteria from sewage sludge for biodiesel production. Biotechnology Reports, 2015, 8: 116–123.

[57] Siddiquee M, Rohani S. Lipid extration and biodiesel production from municipal sewage sludge: a review. renewable and sustainable energy reviews, 2011, 15: 1067–1072.

[58] Mondala A, Liang K, Toghiani H, et al. Biodiesel production by in situ transesterification of municipal primary and secondary sludges. Bioresource Technology, 2009, 100: 1203–1210.

[59] Royal HaskoningDHV. The basis of the Nereda wastewater treatment technology: aerobic granular sludge with excellent settling properties.

[60] http://worldwat.nextmp.net/wp–content/uploads/2016/10/WWW_inDENSE_ Brochure.pdf.

[61] http://www.worldwaterworks.com/wp-content/uploads/2016/10/16A–Kennedy 1.pdf.

［62］ Valentina Lazarova, Kwang-Ho Choo, Peter Cornel. Water-energy interactions of water reuse.

［63］ http://vertassets.blob.core.windows.net/image/a82cdaa2/a82cdaa2-ead9-448b-9c90-1b8a13ba1f3b/watertreatmentplant.jpg.

［64］ https://www.thesourcemagazine.org/carbon-free-water-a-us-utility-reaches-its-goal/.

［65］ http://www.ucsusa.org/clean-energy/california-and-western-states/clean-energy-opportunities-california-water-sector#.WfwGK2iCyUk.

［66］ A glance behind and a look ahead: history and future of a regional biosolids authority. Water Practice & Technology, 2016, 11（3）: 574-589.

［67］ Silva C, Rosa M J. Energy performance indicators of wastewater treatment - A field study with 17 portuguese plants. IWA World Water Congress & Exhibition. 2014.

［68］ 杨凌波，曾思育，鞠宇平等. 我国城市污水处理厂能耗规律的统计分析与定量识别. 给水排水，34（10）: 42-47.

［69］ Hallvard Ødegaard. A road-map for energy-neutral wastewater treatment plants of the future based on compact technologies（including MBBR）. Frontiers of Environmental Science & Engineering, 2016, 10（4）: 1-17.

［70］ Daigger G T. Flexibility and adaptability: essential elements of the WRRF of the future. Water Practice & Technology, 2017, 12（1）: 156-165.

［71］ Flexibility and adaptability are the essential elements of the water and resource recovery facility of the future.

［72］ http://www.cswea.org/File_Catalog/CSWEA/2016EdSeminar/1_Plant_of_the_Future.pdf.

［73］ https://energy.gov/eere/bioenergy/articles/new-report-outlines-potential-future-water-resource-recovery-facilities.

［74］ Aichinger P, et al. Synergistic co-digestion of solid-organic-waste and municipalsewage-sludge: 1 plus 1 equals more than 2 in terms of biogas production and solids reduction. Water Research, 2015, 87: 416-423.

［75］ Wett B, Buchauer K, Fimml C. Energy self-sufficiency as a feasible concept for wastewater treatment systems. Proceeding of the IWA Leading Edge Technology Conference, Singapore, Asian Water, 2007: 21-24.

［76］ As Samra wastewater treatment plant, a major asset for Jordan by SUEZ（由 SUEZ 提供材料）.

[77] Wu D, Ekama G A, Chui H K, et al. Large-scale demonstration of the sulfate reduction autotrophic denitrification nitrification integrated (SANI (®)) process in saline sewage treatment.. Water Research, 2016, 100: 496-507.

[78] http://www.billundbiorefinery.dk/en/.

[79] http://www.ostara.com/MWRD.

[80] Ramalingam K, Fillos J, Mehrdad M, et al. Side stream treatment nitrogen removal: alternatives for New York City. Water Practice & Technology, 2017, 12 (1): 179-185.

[81] Rus E, Mills N, Shana A, et al. The intermediate thermal hydrolysis process: results from pilot testing and techno-economic assessment. Water Practice & Technology. 2017, 12 (2): 406-422.

[82] Abid Ali Khana, Mahmood Ahmada, Andreas Giesen. NEREDA®: an emerging technology for sewage treatment. Water Practice & Technology, 2015, 10 (4): 98

[83] Pronk, Mario. (2016). Aerobic Granular Sludge. 10.4233/uuid: 5ea870b3-671e-4b02-b202-5255d5b58da2.

[84] https://www.watersector.nl/rwzi/168/rwzi.

[85] https://www.noorderzijlvest.nl/ons-werk/beheer-onderhoud/beheer-bouwwerken/rioolwaterzuivering/rwzi-garmerwolde/.

[86] Robertson S, Doutor J, van Bentem A. Delivering sustainable wastewater treatment using aerobic granular sludge - the nereda.

[87] Introduction on aerobic granular sludge technology: webinar special interest group by Sjoerd Kerstens of Royal HaskoningDHV, 2017.

[88] Naicker M, Rosink R, Zilverentant A. Aerobic granular sludge "nereda®" technology applications.